张佳玮

———— 著

中国人的
生活美学
·饮食

Life
Aesthetics
of
Chinese
Diet

花山文艺出版社
河北·石家庄

图书在版编目（CIP）数据

中国人的生活美学．饮食 / 张佳玮著． -- 石家庄 ：
花山文艺出版社，2022.10（2024.4重印）
ISBN 978-7-5511-6274-6

Ⅰ．①中… Ⅱ．①张… Ⅲ．①生活－美学－中国②饮
食－文化－中国 Ⅳ．①B834.3②TS971.2

中国版本图书馆CIP数据核字 (2022) 第166402号

书　　名：**中国人的生活美学·饮食**
Zhongguoren De Shenghuo Meixue Yinshi

著　　者：张佳玮

责任编辑：刘燕军　王李子
责任校对：李　伟
装帧设计：熊　琼
美术编辑：王爱芹
出版发行：花山文艺出版社（邮政编码：050061）
　　　　　　（河北省石家庄市友谊北大街 330 号）

销售热线：0311-88643221/34/48
印　　刷：天津丰富彩艺印刷有限公司
经　　销：新华书店
开　　本：880 毫米×1230 毫米　1/32
印　　张：6.75
字　　数：120千字
版　　次：2022 年 10 月第 1 版
　　　　　　2024 年 4 月第 2 次印刷
书　　号：ISBN 978-7-5511-6274-6
定　　价：78.00 元

目　录

中国人说，民以食为天。

论吃，吃得好，吃得美，吃得讲文化有意境，

吃得有历史渊源，我国自古至今都极有发言权。

我国古代饮食文化到明清达到巅峰，

从饮食实物到饮食理论，堪称物质、精神双丰收。

甚至今日我们读明清时的记录，犹觉目不暇接、

口齿余香——古人就已经这么懂吃啦！

红楼梦：富贵人的细节

任你是一个并不了解明清饮食文化的中国人，只要读过《红楼梦》，多少都能了解些古代贵胄人家的饮食风味。

《红楼梦》中的美食，读者都耳熟能详，比如诸多食家啧啧称赞的传奇——王熙凤给进了大观园看啥都新鲜的刘姥姥介绍的一味所谓"茄鲞[1]"：茄子去皮切丁，用鸡油炸，再拿鸡脯子肉配香菌、新笋、蘑菇、五香豆腐干、各色干果子，俱切丁，用鸡汤煨干，将香油一收，再用糟油[2]一拌，盛起来随吃随取。其工艺繁复、调味精巧，刘姥姥大为感叹，颇能代表普通读者的心声。

乍吃之下，刘姥姥全然不信："别哄我了，茄子跑出这个

---

1 茄鲞（xiǎng）：一种以茄子为主料深加工而成的冷菜。鲞原指干鱼、腊鱼，亦泛指成片或成丁的腌腊食品。
2 糟油：用酒糟调制的油，用来浇拌凉菜。

众人在芦雪庵写诗，老太太过来，吃了点儿糟鹌鹑腿肉——鹌鹑很小，腿上的肉细腻，糟了之后，入味细碎，既解馋，又不难消化，细想真妙。

味儿来了，我们也不用种粮食，只种茄子了。"

听罢做法，刘姥姥倍加惊奇："我的佛祖！倒得十来只鸡来配他，怪道这个味儿！"

《红楼梦》里的饮食率多如此：在细节与趣味上见功夫。

比如贾宝玉去探薛宝钗，薛姨妈留他吃饭，吃糟鹅掌鸭信——此物醇厚、韧脆，适合下酒——又用酸笋鸡皮汤给宝玉解酒。糟鹅掌鸭信和酸笋这几样，都是需要平日下功夫糟腌的，有口感，有味道，余味悠长。

刘姥姥二进大观园时，仆人上点心，贾老太太选了松瓤鹅油卷（更香甜），薛姨妈要了藕粉桂糖糕（清雅些，也合她的风格）。这类小点心很见手艺，也可见身份等第。

小说里描述秦可卿生病，什么都吃不动，只求吃块枣泥山药糕——听来既甜又柔，又不油腻；既有口味，又养生，很有道理。

众人吃蟹那回，舅太太送姑娘、太太们的菱粉糕和鸡油卷儿听起来就略家常些，没有秦可卿吃得那么细腻。袭人给

中国人的生活美学·饮食

史湘云的桂花糖蒸新栗粉糕，规格类似。

贾宝玉被他爹打了，要养伤，全家陪他喝荷叶汤，还要用所谓玫瑰卤子来调口味，王夫人还送来木樨、玫瑰清露。袭人则本分多了，身为首席大丫头，也就爱吃口糖蒸酥酪，规格比各色清露低了一筹。

宝玉连吃茶泡饭，配的咸菜都是野鸡瓜[1]齑。后来给芳官的食盒里装的是一碗虾丸鸡皮汤、一碗酒酿清蒸鸭子、胭脂鹅脯、一碟四个奶油松瓤卷酥，并一大碗热腾腾、碧莹莹的绿畦香稻粳米饭。汤、蒸菜、腌菜、点心、米饭，都有了。虽然只是从鸡鸭鹅上面找，却不俗气，而且饶有余味。

《红楼梦》里有一个饮食风向标，是贾老太太。古人所谓"三代为官作宦，方知穿衣吃饭"，富贵人如何吃饭，看老太太即可。

老太太口味很精，说螃蟹馅饺子油腻，不爱吃；后来过年

---

1 鸡瓜：鸡的腿子肉或胸脯肉。因其长圆如瓜形，故称。一说即鸡丁。

时，说夜长饿了，但又不想吃鸭子肉粥。

看到点心，她老人家拿了松瓤鹅油卷，吃了一口就罢了；游了大观园，凤姐送来野鸡崽子汤，老太太吩咐炸两块送粥；下雪天，老太太见了牛乳蒸羊羔，说那是他们有年纪的人吃的，还说小孩子吃不得；众人在芦雪庵写诗，老太太过来，吃了点儿糟鹌鹑腿肉——鹌鹑很小，腿上的肉细腻，糟了之后，入味细碎，既解馋，又不难消化，细想真妙。

王夫人吃斋，寻思老太太不爱吃面筋豆腐，就送了椒油莼齑酱：椒油调味不提，莼菜之鲜美则是受中国历史上诸多名人肯定的，好吃得很。

大概贾老太太的饮食代表了整部《红楼梦》中人的最高水准，也多少映现出古代富贵人的饮食美学：举重若轻，取舍之间自见精巧、细腻。

单是吃与不吃之间，就显出大户人家的派头了。

宫廷饮食：丰盛与规矩

当然，《红楼梦》终究是小说。历史上明清贵人生活中吃什么，另有一套规矩。

明朝皇帝吃什么呢？相声里有所谓《珍珠翡翠白玉汤》，说朱元璋山珍海味吃腻了，想念年少饥饿时吃的那碗馊豆腐菜烩饭。清代小说《儒林外史》里，安排大画家王冕下厨，请还没称帝的朱元璋吃了韭菜、烙饼，很可爱，也有一定的可能性。

朱元璋称帝后，到底是不一样了。身份、礼法，都要求他吃得不同。

按《南京光禄寺志》卷二记载，洪武十七年（1384年）六月的某一天，朱元璋吃的东西如下：

早饭：羊肉炒、煎烂拖齑鹅、猪肉炒黄菜、素蒿插清汁、蒸猪蹄肚、篦子面、香米饭、豆汤、泡茶等。

午饭：胡椒醋鲜虾、烧鹅、火贲羊头蹄、鹅肉巴子、咸豉芥末羊肚盘、蒜醋白血汤、五味蒸鸡、元汁羊骨头、胡辣醋腰子、蒸鲜鱼、五味蒸面筋、羊肉水晶饺、丝鹅粉汤、三鲜汤、绿豆棋子面、椒末羊肉、香米饭、蒜酪、豆汤、泡茶等。

花样很多，做法很精彩，却也不算珍奇、刁钻，大体还是从鸡鸭羊肉上面找。大概因朱元璋出身于贫民阶层，又逢开国之初，才不至于太靡费？

清代阮葵生著《茶余客话》，说朱元璋爱吃一道"一了百当"，是猪、羊、牛肉连虾米剁成馅，马芹、茴香、川椒等捣成末加入，再加生姜、葱白、腊糟、麦酱炒熟。这玩意儿有点儿像周代八珍中的捣珍，但再细想，也就是个多味肉酱，不算过分。

明朝后期的饮食，从技法到规矩，就是另一番模样了。这方面，刘若愚的《酌中志》记录得很到位。刘若愚是明后期人，一度跟从魏忠贤，在狱中为了给自己申冤写了《酌中志》。谅来生死之际不会造假，这份记录应当比其他文件真实吧？

按《酌中志》记载，明廷有酒醋面局[1]，掌管宫廷食用酒、面诸物，包括浙江等处岁供的糯米、小麦、黄豆及谷草、稻皮、白面。当时明朝的都城在北京，浙江等地进贡的糯米、小麦等确实挺重要——得保证皇帝在北方也吃得到南方风味。

又有甜食房，经手造办丝窝虎眼糖，以及各色糕饼、甜食。而且，其造法、器具皆由内臣自行经手，绝不令人见之。

这大概就是所谓的大内秘制、宫廷秘方了，与外头的做法拉开了差距。

这个丝窝虎眼糖大概是其形如丝的酥糖。我很怀疑它类似龙须酥。

一整年，内廷吃食都很讲时令、规矩：

前一年腊月廿四日祭灶之后，宫眷内臣皆蒸点心、储肉，

---

[1] 明宦官官署名。属于八局之一，由掌印太监主管，下设管理、佥书、掌司、监工等员。

明廷过年要吃果子：柿饼、荔枝、圆眼、栗子、熟枣。

Life Aesthetics of Chinese Diet

预备之后十几天吃。

年初一，饮椒柏酒，吃水点心，即"扁食"也——扁食就是馄饨。扁食馅儿里或暗包银钱，谁吃到就象征一年大吉。

这面食里包钱的规矩，后来清代也有，是在饺子里包小元宝。据说晚清太监、妃子每年都要想法子，殚精竭虑、不露痕迹地让慈禧吃到这个元宝，然后大家一起夸她洪福齐天——不敢夺了她的祥瑞啊。

说回明廷。明廷过年要吃果子：柿饼、荔枝、圆眼、栗子、熟枣。还要吃驴头肉，叫作"嚼鬼"：明朝有风俗，称驴子是鬼。大概指望吃了驴肉，就能一年不被鬼找上门了。

立春之时，大家都啃萝卜，叫作"咬春"；互相宴请，吃春饼合菜。

元宵节，吃元宵：外裹糯米细面，内用核桃仁、白糖为果馅，洒水滚成，如核桃大。在明代，这种食物在北方叫元宵，江南叫汤圆。

上元时，要吃珍味：冬笋、银鱼、鸽蛋、麻辣活兔，以及

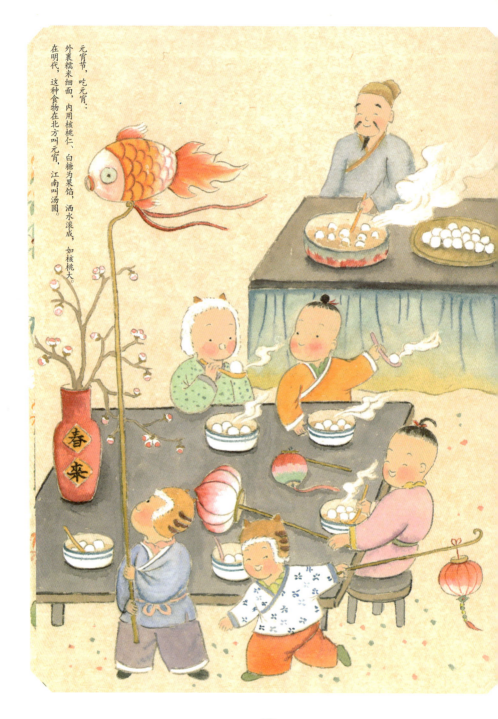

元宵节，吃元宵：外裹糯米细面，内用核桃仁、白糖为果馅，洒水滚成，如核桃大。在明代，这种食物在北方叫元宵，江南叫汤圆。

塞外之黄鼠、半翅鹖鸡。

塞外黄鼠有些意思。《饮膳正要》上说此物味甘，而且似乎不只汉人爱吃，之前辽国人也很喜欢吃这个。当时叫作貔狸，用羊奶饲养大。据说辽国人炖肉时，一个鼎里放一堆肉，再加入黄鼠肉，这样全鼎的肉都能炖得酥烂——听起来很神奇。

又要吃江南之密罗柑、凤尾橘、漳州橘、橄榄、小金橘、风菱、脆藕，西山之苹果、软籽石榴之属，水下活虾之类，不可胜计。

本地菜则吃烧鹅、鸡、鸭、猪肉、泠片羊尾、爆炒羊肚、猪灌肠、大小套肠、带油腰子、羊双肠、猪臂肉、黄颡管儿、脆团子、烧笋鹅鸡、炸鱼、卤煮鹌鹑、鸡醢汤、米烂汤、八宝攒汤、羊肉猪肉包、枣泥卷、糊油蒸饼、乳饼、奶皮——这些吃法，后来老北京也有。只看所列的江南与北方吃法不同，明末南北风味已经很鲜明了。

素蔬则吃滇南之鸡㙡，五台之天花羊肚菜、鸡腿银盘等麻菇，东海之石花海白菜、龙须、海带、鹿角、紫菜，江南蒿笋、糟笋、香蕈，辽东之松子，苏北之黄花、金针，都中之土药、土豆，南都之苔菜，武当之鹰嘴笋、黄精、黑精，北山之榛、栗、梨、枣、核桃、黄连茶、木兰芽、蕨菜、蔓菁。

茶则喝六安松萝、天池茶、绍兴芥茶、径山茶、虎丘茶。

遇到雪天，就在暖室里赏梅，吃炙羊肉、羊肉包、浑酒、牛乳。

这里刘若愚说，天启皇帝喜欢吃一种水产杂烩锅：炙蛤蜊、炒鲜虾、田鸡腿及笋鸡脯，又海参、鳆鱼、鲨鱼筋、肥鸡、猪蹄筋共烩一处——看了都觉得虽然混杂，但估计挺好吃。

二月初二，吃黍面枣糕，油煎后食用（那就是黄米枣糕了）；又有面和稀摊为煎饼，叫作"薰虫"。

清明前吃河豚——大概因为此时正值早春，如苏轼所谓"正是河豚欲上时"；喝芦芽汤，煮过夏酒，吃鲊——此时叫"桃花鲊"。

三月二十八，去东岳庙进香，吃烧笋鹅，吃凉饼（糯米面蒸熟加糖、碎芝麻），也就是糍粑。还要吃雄鸭腰子，据说大的鸭腰可值五六分银子，可以补虚。后来相声《报菜名》里有烩鸭腰，我怀疑鸭腰流行就是从这里开始的。

四月初八，吃"不落夹"：用苇叶方包糯米，长可三四寸，阔一寸——应该就是改良版粽子。

这个月要尝樱桃，算是品尝各种新鲜水果的开始。还要吃笋鸡，吃白煮猪肉，因为"冬不白煮，夏不爊"。还以各样精肥肉和姜、蒜（锉如豆大）拌饭，以莴苣大叶裹食之，名曰"包儿饭"——其实就是菜叶包饭，这个直到清朝都很流行。此外，这个月还要造甜酱豆豉。

四月二十八，去药王庙进香，吃白酒、冰水酪——两者都算饮料。冰水酪当时在北京流行，是因为元朝王公多出自游牧民族，习惯吃酪了。

还要取新麦穗煮熟，剁去芒壳，磨成细条食之，名曰"稔转"，算是品尝这年五谷新味的开端。这应该就是民间小吃"碾转儿"。

五月初五午时，饮朱砂、雄黄、菖蒲酒，吃粽子——这些我们都很熟悉了，过端午的习俗嘛，明朝就很规范了。这

五月初五午时，
饮朱砂、雄黄，菖蒲酒，吃粽子：
这些我们都很熟悉了，过端午的习俗嘛，
明朝就很规范了。

Life Aesthetics of Chinese Diet

日还要吃加蒜过水面，这比较有趣了。过水面就是冷淘面，这就又让人想到杜甫那个"槐叶冷淘"了。的确，要入夏了，天热容易没胃口，就蒜吃冷面，的确挺好。

夏至伏日，要吃"长命菜"，也就是马齿苋。

六月初六，又要吃过水面了，还得嚼"银苗菜"，也就是藕的新嫩秧。

初伏日要造麴[1]：白面加绿豆黄和成，搁着晒。

立秋时节，吃莲蓬与藕。天启皇帝爱喝鲜莲子汤，又喜欢将鲜西瓜种微加盐焙用之——就是西瓜子，也不知道皇帝是亲自嗑瓜子，还是有人帮着剥皮，让他吃现成的。

七月十五中元节，甜食房进了供佛的波罗蜜，大家在这个月得吃鲥鱼，赏桂花。鲥鱼很值得一提，但容后细说，这里只需注意：这时宫里吃的该是新鲜鲥鱼。

---

1 酿酒的主要原料，同"曲"。

八月十五中秋，家家供月饼、瓜果……大吃大喝，往往通宵。

Life Aesthetics of Chinese   Diet

八月初一起，开始拾掇月饼，加上西瓜与藕，互相赠送——与今时今日的情形差别不大。

八月十五中秋，家家供月饼、瓜果，等月上焚香后，众人大吃大喝，往往通宵。月饼若还有剩的，则收纳在干燥、阴凉的地方——因为古代没电冰箱——到那年年底，大家分着吃。这时就不叫月饼了，叫团圆饼。

从这个月起，宫中人开始酿新酒。此时蟹也肥了。宫眷、内臣吃蟹时，自然须吃活蟹，洗净，蒸熟，众人五六成群，坐着一起吃，嘻嘻哈哈的。揭了蟹脐盖，挑剔出肉来，蘸醋和蒜下酒。能将蟹胸骨剔成蝴蝶状者，大家都夸赞其手巧。吃完螃蟹，喝苏叶汤，并用苏叶水洗手——这跟今时今日吃蟹的情形没什么区别。

九月初一起，吃花糕，吃迎霜麻辣兔，饮菊花酒，同时开始糟制瓜、茄等——这是在预备过冬的酱菜了。

十月，开始吃羊肉、羊肚、麻辣兔等，以及上文提到的丝窝虎眼糖等各样细糖；同时还吃牛乳、乳饼、奶皮、奶窝、酥糕、鲍螺，直至春二月方止。大概因为宫廷在北京，十月天气已冷，是得吃羊肉和乳制品来抗冷了。

比较好笑的是，内廷许多人爱吃牛和驴的奇怪部位，比如牛鞭、驴鞭，比如羊、马的睾丸。我很怀疑宦官们是想缺啥补啥，总希望无中生有，能了却些自己的缺憾。

十一月，糟腌猪蹄尾、鹅脆掌，预备过冬的荤菜；吃羊肉包、扁食，预备迎接岁末。这个季节如果市面有了冬笋，则不惜重金也要买——毕竟入冬后，鲜笋难得嘛。此外，因为天冷了，每天清晨要食辣汤、羊肚和浑酒以御寒。我很怀疑民间早饭吃胡辣汤是这个习俗的延伸。

十二月初一起，家家买猪腌肉。这个月宫中人吃的，就是老北京的吃食了：灌肠、油渣、卤煮猪头、烩羊头、爆羊肚、炸铁脚¹小雀加鸡子、酒糟蚶、糟蟹、炸银鱼、醋熘鲜鲫鱼和鲤鱼。

到腊八，自然要钦赏腊八杂果、粥米，用来煮腊八粥。之前

---

1 鸟名，以其爪黑得名。

几天就得将红枣槌破泡汤，到初八早上，加粳米、白米、核桃仁、菱米煮粥，供于佛圣前，举家都喝腊八粥，还要互相送。

十二月二十四祭灶，三十岁暮"守岁"。

按刘若愚说，凡煮饭之米，必须拣簸整洁，而香油、甜酱、豆豉、酱油、醋等一应杂料，都得买妥当。凡宫眷内臣所食都味道浓厚，且烹调不惜工本。宫眷很在意善于烹调的高手，各衙门内臣则喜爱手艺高的厨役。

这大致就是明末内宫一年的吃食习俗了。一路看下来，许多习俗与今时今日的接近，所以现代人来看，大概会觉得有些规矩还挺熟悉。而且，其规矩还挺严谨：按时令来吃，不时不食。想来许多应时当令的吃法，既是因为其合乎自然之道，也是因为当时没有制冷手段，运输又不够发达。所以，糟菜腌菜、冷面热汤，都很凑着季节。至于入冬后见了冬笋就大喜，则还是物以稀为贵。

当然，规矩多了，也不全是好事。

一方面，后来清朝有食家就认为明末几任皇帝吃得无趣，

糟菜腌菜、冷面热汤，都很凑着季节。至于入冬后见了冬笋就大喜，则还是物以稀为贵。

Life Aesthetics of Chinese   Diet

过年也常吃什么五味地黄煨猪腰来补肾，吃老山人参炖雏鸽来益虚，吃陈皮仔姜煲羊肉来补气，还吃诸如枸杞杜仲汆鲤鱼之类的。清朝食家认为，它们更像补品而非食物。

清朝大食家、江南人袁枚曾用一句话总结："明朝宫中饮食，由疗饥变成却病，所谓有菜皆治病，无药不成肴。"

话虽有点儿刻薄，却不无道理。想来宫廷贵人视健康至上，吃坏了，谁都负不起责任。拼命往健康上撺弄，就难免变成这样子。

另一方面，规格高了，不能轻易低下来，难免就有了琐碎枝节。

据《明宫词》说，崇祯皇帝与皇后每月持十斋。

按说上头吃斋，下面准备素菜便是。然而，御膳房不敢怠慢，将鹅褪毛收拾干净，将蔬菜搁在鹅肚中，煮一沸取出，用酒洗净，再用麻油烹煮罢来吃。本来贵人吃斋是为了不杀生，但这种吃法显然还是得杀鹅的。

这做法固然精细、巧妙，令人佩服，但也显出宫廷菜里透着一点儿造作：说是持斋不杀生，怎么还如此折腾？

清朝贵胄的饮食，最有名的莫过于满汉全席。"满汉全席"这词说起来威名赫赫，但按《光禄寺则例》看来，满汉全席着重于"全"，"精"倒不一定了。

比如满席，按传统就是满人的饽饽桌子，主体是各种糕点、馇饵与果品。汉席有鲍鱼、海参、鹿筋之类。

唐鲁孙说赛尚阿所著《云笈七录》里这样形容清朝国宴的华丽："饰则铺锦列绣，剑戟粲目；食则膳馐酒醴，甜醹纷投，清馨摇穹，钧天乐奏。扬我天威，怀柔远人。"装饰好看，吃得热闹，歌舞动人，好。

摆宴席的目的是什么呢？

答："扬我天威，怀柔远人。"您看，一旦沾染了这样的目的，吃东西总觉得不是那个味道了。

《钦定大清会典则例》里还一本正经地做了细节规定：满席、汉席也分三六九等，而且各有用处。比如一等席用面一百二十斤，各种菜四十七盘碗，每桌八两，用于帝后去世后的随筵；六等席就用面二十斤，各种菜三十七盘碗，每席二两二钱六分，用来招待各国贡使之类——这还有整有零的。

乾隆皇帝下江南的次数多了，爱吃江南菜肴，也很爱吃些"燕窝红白鸭子南鲜热锅""山药葱椒鸡羹"等，算是丰富了宫廷膳食。据说清宫所谓"苏造肉"，也是他从江南带回来的。乾隆自己过起年来，冷热膳、酒茶膳、小菜、点心、汤粥、蜜饯共计一百零八品，但重点倒是拿些蜜饯苹果、松仁瓤荔枝、青梅瓤海棠之类的果盘摆着，主要是好看。也许用来消夜守岁时，还能念叨几句"盒子摆得甚好，以后某某宫也照着摆就是"。

到清末，因为规矩多，宫廷饮食在求全之余其实趋向保守。本来就是嘛，规矩太多，东西能美味到什么地方去呢？

比如晚清，过年这种最隆重的场合吃个晚膳，或宁寿宫，或体和殿，布三张桌子，慈禧坐中间一桌，皇帝在东桌，皇后在西桌。皇帝执壶斟酒，皇后把盏，给太后祝福，慈禧一杯酒饮三口。

真吃起来，大概无非是燕窝摆的"寿比南山""吉祥如意"。好看是好看，实际上大多属吉祥菜，都在鸡鸭身上找，比如什么燕窝"寿"字红白鸭丝、燕窝"年"字三鲜肥鸡、燕窝"如"字八仙鸭子、燕窝"意"字什锦鸡丝。

例菜则大多中规中矩，不太敢整花哨的。其中的道理，老年间的说书先生固桐晟提过，清朝御膳房太监想得很明白：做菜给上头吃嘛，不求有功，但求无过，不敢在食材上玩花样。比如，若有什么珍奇时令食物，天子吃坏了身子，罪过就大了；反过来，如果哪种珍奇食材，上头吃顺了嘴，天天要，御膳房的日子还过不过了？

当然，逢年过节也有贡品菜，比如熊掌、鹿脯、龙虾。可惜再好吃，惯例每盘尝三筷子就撤了，也不会天天吃。

按溥仪在自传里所写，他还在宫里时吃的大概就是口蘑肥鸡、三鲜鸭子、五绺鸡丝、炖肉、炖肚肺、肉片炖白菜、黄焖羊肉、羊肉炖菠菜豆腐、樱桃肉山药、驴肉炖白菜、羊肉片汆小萝卜、鸭条熘海参、鸭丁熘葛仙米、烧慈姑、肉片焖玉兰片、羊肉丝焖疙瘩丝、炸春卷、韭黄炒肉丝、熏肘花、小肚、卤煮炸豆腐、熏干丝、烹掐菜、花椒油炒白菜丝、五香丝、祭神肉片汤、白煮赛勒、煮白肉……

菜式多样，整齐却不珍奇，菜名写得清清楚楚，不像民间传说所言，皇帝吃的菜，名字都神乎其神、云山雾罩。

本来嘛，皇帝吃到嘴里的东西，自然得是清清楚楚的。御膳房如果给皇帝出难题："陛下，您可猜不着这是什么。"估计脑袋也保不住吧。

清朝宫廷不太敢推陈出新，就在猪肉上下功夫。据说慈禧晚年爱吃炸响铃，就是炸猪皮。

钢叉挑肉在炭火上烤，烤出来酥脆又有口感，又不腻，民间、宫廷都吃。老百姓买回家，蘸酱油下酒，用大葱爆来下饭，都很寻常。

宫廷里的炸响铃是烤乳猪皮，片下来，回锅再炸一遍，炸脆了，蘸着花椒盐吃。想着是不错，什么猪肉皮、蹄筋、鸡脚爪、猪脚，吃的都是那点儿胶质，还给你把这点儿胶质烤好再炸过，多脆口啊。

但宫廷里的炸响铃比较贵。据说道光皇帝有一次想吃炸响铃，问花费，回说要一百二十两银子。道光嫌贵，把这个爱好给戒了。

清朝别有一种猪肉吃法。清朝有规矩，要吃祭肉，一大块白煮肉端上来，各人自己用小刀片薄了，白嘴吃——估计能腻死人。

据说有些臣子能得个恩赏，发点儿盐，就着肉吃；私下里则有人端来一沓纸，说伺候老爷们吃肉。大臣们各买了纸，用白水将纸一冲，将水盛在碗里，用肉蘸来吃——原来那纸吃透了酱油，用水一冲，水就成了酱油汤。白肉蘸汤，就稍微能下肚了。但这规矩听着神神道道的。

所以，民间百姓想象的宫廷美食多是珍馐美味一大堆，实则越到后来越有局限性：菜式虽多，但不敢出奇；规矩繁杂，且陈陈相因，只求不捅娄子。

不只是宫廷，清朝末年，有身份的人宴请客人，已有官样文章：四干果、四鲜果、四冷荤，是所谓的压桌菜；然后是四炒菜、四大海（海就是海碗）、两点心、六饭菜、两粥菜。当然还有全猪全羊、全鳝全素等一大堆花样。至于酒过三巡菜过五味、主位客位、劝酒放赏之流，更是啰啰唆唆一大堆。

大概，不管多好的东西，一旦规矩琐碎了，就容易变得形式大于内容吧？

富豪的陈列

如上所述，明清后期，贵人的吃法从求珍奇、精细趋向保守与规矩。论到吃法，翻新花样的反而是士绅、官僚和富商，他们讲排场，敢冒险。

说到富商，大概最能详细体现明朝富商纵欲吃法的作品，就是《金瓶梅》了吧。

《金瓶梅》取西门庆与潘金莲的故事，看似是《水浒传》的衍生读本，但有一处大不同：《水浒传》里，好汉动辄呼喝，要大块牛肉切来吃；而《金瓶梅》全书只出现了一次"牛肉"字样，还是文嫂一并切了"猪羊牛肉"让大家吃。

这是因为宋时官府禁止私宰牛。《水浒传》里都是荒村野店、江湖好汉，天高皇帝远，就吃牛肉；《金瓶梅》描写的则是清河县里的城市居民，光天化日就不太好吃牛肉了。

按《金瓶梅》来看，猪肉似乎在明朝更受欢迎了。北宋的苏轼在黄州吃猪肉，认为"贵人不肯吃，贫人不解煮"，所以要"净洗锅，少著水，柴头罨烟焰不起。待他自熟莫催他，火候足时他自美"。那就是文火慢炖了。

可是《金瓶梅》里的情形更妙：西门庆的三个老婆潘金莲、孟玉楼和李瓶儿下棋打赌，李瓶儿输了，叫人买了猪头、猪蹄和一坛酒，让心比天高的宋蕙莲来烧。宋蕙莲烧猪头，手法精妙，堪称范本：一大碗油酱，拌上茴香作料，把锅扣定了，一根柴火下去，烧得猪肉皮脱肉化、五味俱全。我寻思这扣定锅的做法应该有类似高压锅的效果。

妙在潘金莲、孟玉楼、李瓶儿这种深宅大院人家，并不挑肥拣瘦，猪头肉配蒜，大快朵颐。《金瓶梅》虽写宋朝，风情却是明朝的。大概那会儿商人的媳妇们规矩还不重，也不造作，大模大样吃酥烂的猪头肉也吃得很高兴。

家常吃猪头肉是一回事，吃排场又是一回事。比如说，西门庆早饭吃个粥就这么讲排场：四个咸食、十样小菜儿、四碗炖烂——一碗蹄子、一碗鸽子雏儿、一碗春不老蒸乳饼、一碗馄饨鸡儿。银镶瓯儿粳米投着各样榛松栗子果仁、玫瑰白糖粥儿[1]。

用蹄子、鸽雏儿下粥，很奢华了。还有十样小菜儿呢，真不一定能样样吃到，主要是看着热闹。

到应伯爵上门来，先上四碟菜果，然后是四碟案酒：红邓邓的泰州鸭蛋、曲弯弯王瓜拌辽东金虾、香喷喷的油炸烧骨、秃肥肥的干蒸劈晒鸡。接着是四碗嘎饭：滤蒸的烧鸭、水晶蹄膀、白炸猪肉、炮炒的腰子。

这大概就是明朝富豪吃饭的格局：四碗、四碟连四碟，下饭、下酒的都不同。

最后才是用里外青花白地瓷盘盛着的红馥馥的柳蒸糟鲥鱼，馨香美味，入口而化，骨刺皆香。

---

1 见《金瓶梅词话》万历本《新刻金瓶梅词话》卷三第二十二回。

说到这个糟鲥鱼，有讲究了。

后来西门庆借职权替刘太监平了事，刘太监为报恩，宰了一头猪，添上自造的木樨荷花酒和四十斤糟鲥鱼，外加妆花织金缎子，送来给西门庆。真是什么人送什么礼。像西门庆给大权臣蔡京贺寿，送的是用三百两金银铸的银人和金寿字壶，金银灿烂，透着暴发户气。刘太监送的是猪、酒、鱼、缎，这就很实惠，也很显出手头有东西，尤其是鲥鱼。

鲥鱼在明清时地位极高。据说后来康熙下江南，爱找曹雪芹他爷爷曹寅玩儿，就是贪图有新鲜鲥鱼吃。当然，鲜鲥鱼很难得，当时又没有冷藏设备，所以连刘若愚都说，明廷里也就七月吃点儿。刘太监送的这个糟鲥鱼极有道理：既有糟香，又能久藏。

西门庆送了些糟鲥鱼给酒肉朋友应伯爵，应伯爵就命老婆将其劈成窄块，用原旧红糟儿腌着，搅些香油，预备他早晚配粥吃。或有客登门时蒸一块来吃，也很体面。再次说明，糟鲥鱼实在珍贵，拿来做粥菜、蒸菜，都能显出体面。

西门庆也吃家常菜。一日，画童儿用方盒端上四个小菜，又是三碟蒜汁、一大碗猪肉卤，让大家配面吃。对于山东人家，大蒜猪肉打卤面很家常，很有生活气息。各人自取浇卤，倒上蒜、醋来吃。应伯爵和谢希大两个寄生虫一口气吃了七碗，吃完没忘大赞："今日这面是哪位姐儿下的？又好吃又爽口。""这卤打得停当……"毕竟他们也就这点儿能耐，多夸几句，可满足西门庆的虚荣心。

打卤面自古以来都是在卤子上见高低。明朝时能用猪肉打卤，配蒜配醋，已算高级了吧？

应伯爵等人吃完了面，知道自己吃了蒜嘴里有味，又要来温茶喝，怕热茶"烫的死蒜臭"。连吃带喝，样样不少。之后黄四家送了四盒礼来：一盒鲜乌菱、一盒鲜荸荠、四尾冰湃的大鲥鱼、一盒枇杷果。应伯爵见后抢了几个吃，边吃边递了两个给谢希大。临了应伯爵不忘夸赞西门庆，说他吃的、用的，别人都没见过——西门庆好像特别好奉承，李瓶儿、应伯爵等人只要夸他"你吃的、用的，别人想都想不到"，他就很是得意。毕竟奢侈品嘛，就讲究个稀缺性。但细看，的确奢侈：乌菱与荸荠不罕见，但都是新鲜的，就难得；四尾冰湃大鲥鱼更是不得了。

35

中国人的生活美学·饮食

鲥鱼在宋朝时就人人爱吃，明清时地位极高。

Life Aesthetics of Chinese Diet

新
上
鲥
鱼

中国人的生活美学 · 饮食

后来西门庆在书房赏雪，就让应伯爵尝了"做梦也梦不着"的玩意儿——"黑黑的团儿，用橘叶裹着"，却是用薄荷、橘叶裹的蜜炼杨梅，叫作衣梅。酸甜可口是必然的，而且味道应该胜过话梅：话梅是腌的，讲个咸酸，应该不如衣梅适口、甜润。这就算是甜品了。

西门庆也吃螃蟹，但吃得很精。西门庆的兄弟里，不算殷勤的常峙节得了西门庆的资助，为了谢西门庆，特意让常太太做了螃蟹鲜，并两只烧鸭子，送来给西门庆。

这螃蟹鲜的做法很"精彩"：螃蟹剔剥净了，里面酿着肉，用椒料姜蒜米儿团粉裹就，香油炸，酱油、醋造过。这种吃法很精致，而且细想来也很适合西门庆。

按刘若愚所说，内廷的人也是到秋天才吃新鲜螃蟹的，要自己剥了吃才香甜，还显手巧。像常太太给西门庆的这个做法的螃蟹，大概既能伺候西门庆吃得高兴，又显得自己手巧，心意也有了。

常太太给西门庆安排的这种吃法，不是持螯赏菊的风雅吃法，却是实实在在味道俱全的土豪吃法，很扎实。

至于要加烧鸭，也不奇怪。因为螃蟹不够油，所以要吃点儿肥润的。想来不难理解吧？

吃东西归吃东西。若是宴席，就要讲排场了。宴席讲究吃茶摆果、冷盘热荤、小中大碗、咸点甜点，酒过三巡，菜过五味，琐碎得不行。

如西门庆请太监吃饭，就得搭棚子、上歌舞、堆看盘，看得人眼花缭乱。如果是便宴，也得听弹唱、献大菜、赏银子。大概明朝的红白喜事宴席都得走一遍类似流程。描写起来往往都是字句华丽，热闹归热闹，真多好吃倒不见得——吃过类似宴席的诸位一定懂——虽然水陆杂陈，但不一定吃得香。

所以，大概明清富商们的吃法，是一派豪奢风格：钱多得没处花，穷奢极欲，宴饮狂欢，便想在吃上找乐子，不只好吃，还能炫耀。

比如，不止一处有类似传说：一个富商早起吃燕窝进参汤，还要吃两个鸡蛋，每个鸡蛋价值一两纹银。据说母鸡是用人参、鹿茸之类珍奇食材喂大的。类似内容改头换面

中国人的生活美学·饮食

后在扬州、苏州、杭州的传奇里都出现过。大概这种珍贵鸡蛋算当时的普遍现象。

风雅一点儿的，比如《都公谭纂》说，明代富翁李凤鸣家有个樱桃园，便在樱桃园中开宴会。园中有八棵樱桃树，每棵树下摆一案，案上放玛瑙玉器，另配一位美女伺候客人，是为樱桃宴。这个听着既骄奢淫逸，又带点儿风雅，真也是有钱人做得出的。

清朝的士绅官僚更热闹。按薛福成的记录，清朝河工最富，吃起宴席来大开大合不要命，务求花样翻新。比如，道光年间河道吃个宴席，光豆腐就二十多种，猪肉五十多种，看着令人眼花缭乱。

按照青城子的《志异续编》，当时有些奇怪的吃法被视为珍味。比如：

——将十几个生鸡蛋灌进猪尿脬里，在井里浸一宿，就成了一个巨大的蛋。大家吃着啧啧称奇。

——鸡、鸭、猪肉切细，装在猪尿脬里（这个厨师似乎对猪尿脬的功能颇有心得），用盐和好，风干来吃：我觉得似乎是某种奇怪的肉泥。

——鲜笋煨熟，里头挖空，金华火腿切细，塞进笋里，烘干食用。想来是蛮鲜的，就是太费工夫了。当然，有钱人无所谓。

大概，宫廷御厨是生怕菜写得不明白、不仔细，不敢跟天子、后妃们折腾花样；富商却追求花样翻新，务必吓得客人目瞪口呆，才算过瘾。

风雅的品位：美食理论的巅峰？

如果说《金瓶梅》是明朝富豪家常大鱼大肉的吃法全展示，《西游记》里的吃食则体现出了明朝素斋的发达。那是又一派清幽气象，透着另一种气质：咱们不比排场，比格调。

《西游记》里有许多"神仙吃法"，什么龙肝凤髓、蟠桃、人参果，那是虚构的，不去说了。妙在唐僧师徒西行，总得吃斋吃素。蔬菜说来不如肉食珍贵，但想吃顿好的并不容易：明清之际没有现代冷藏技术，保鲜、制冷很困难，要做一顿合格的斋菜，也得有家底。

比如开场猴子们进了水帘洞，很开心，吃了一堆果子，可以显出当时明朝市面上见得着的水果：樱桃、梅子、鲜龙眼、火荔枝、林檎、枇杷、兔头梨子、鸡心枣、香桃烂杏、脆李杨梅、西瓜、柿子、石榴、芋栗……榛松榧柰、橘蔗柑橙、熟煨山药、烂煮黄精、捣碎茯苓并薏苡——清爽、甜美，有味道。

后来女儿国的国宴，大概是当时大户人家的斋饭格局：玉屑米饭、蒸饼、糖糕、蘑菇、香蕈、笋芽、木耳、黄花菜、石花菜、紫菜、蔓菁、芋头、萝葍、山药、黄精。

后来樵夫请师徒四人吃的，更可以算作明朝野菜吃法的集大成："嫩焯黄花菜，酸齑白鼓丁。浮蔷马齿苋，江荠雁肠英。燕子不来香且嫩，芽儿拳小脆还青。烂煮马蓝头，白爁狗脚迹。猫耳朵，野落荜，灰条熟烂能中吃；剪刀股，牛塘利，倒灌窝螺操帚荠。碎米荠，莴菜荠，几品青香又滑腻。油炒乌英花，菱科甚可夸；蒲根菜并茭儿菜，四般近水实清华。看麦娘，娇且佳；破破纳，不穿他；苦麻台下藩篱架。雀儿绵单，猢狲脚迹；油灼灼煎来只好吃。斜蒿青蒿抱娘蒿，灯娥儿飞上板荞荞。羊耳秃，枸杞头，加上乌蓝不用油。"

由这几顿斋菜又可以引出明朝饮食的另一风格来。如上所述，富贵人精挑细选；宫廷中人讲究时令、规矩；官僚、商人则讲场面，穷奢极欲；而掌握明清饮食风味话语权的，却是手头宽裕、饱读诗书的风雅读书人，他们讲究的饮食趣味是清鲜隽永、风雅有趣。

元朝的倪瓒著有《云林堂饮食制度集》。他是无锡人，住在江南水乡，所以写水产居多。当然，他爱吃蟹，煮蟹要用生姜、紫苏、桂皮、盐一起煮，用的酱则是橙与醋。

最有名的是他的云林鹅：抹酒、抹盐、抹蜜。归根结底，是花足够长的时间慢慢整治得鹅肉烂软如泥，想起来就流口水。

朱元璋的谋士刘伯温著有《多能鄙事》，其中有个"蟹黄兜子"：三十只熟螃蟹、一斤猪肉细切，加香油炒鸭蛋（五个），做包子馅儿。

这就是风雅人的吃法：讲究、精细，加工巧妙，却又不能浊腻，显得有品位。这种趣味体现在明清之间的大量文人食谱之中。

如高濂写过《饮馔服食笺》，认为修养保生的有识之人不可不精美饮食。他的趣味是"日常养生，务求淡薄"。口味要淡，当然就不能吃得太大鱼大肉。于是他自己列了一堆规矩：生冷不吃，粗硬不吃，饥前就要吃，不过分饱；干渴前饮水，不要过多……

高濂提过的菜式也比较能体现他的养生做派。比如，将真粉、油饼、芝麻、松子、胡桃、茴香拌和后蒸熟切块，做成玉灌肺。又比如，将熟芋切片，杏仁、榧子为末，和面拌酱，拖芋片入油锅，是所谓酥黄。

《饮馔服食笺》还大谈茶水，提到近四十种粥、三百来种药膳，还大谈煮雪、烹茶之类——只是高濂如此讲究养生，自己却只活到48岁，有点儿黑色幽默。您大概也发现了，他吃得稍微有点儿太素净了，摄入的蛋白质都不一定够。

也有真教做菜的书，如韩奕的《易牙遗意》就记录了许多菜式的做法。其中有这样一道菜：鲜鲤鱼切块，盐腌酱煮，下鱼鳞及荆芥同煎，去渣，等汁稠，用锡器盛好放在井里冷却，用浓姜醋浇后食用，是所谓"带冻姜醋鱼"。类似菜式大多新奇、漂亮，求的是不落俗套。虽然难免有些费工夫，但对风雅读书人而言，这才有趣嘛。

最能体现明朝饮食美学的，大概是明末的两位大文人：张岱与李渔。

明末大才子张岱年轻时风花雪月造了个够，后来写《陶庵梦忆》，时不时自夸一番。比如他自称越中清馋，无人能胜，自己列一堆吃的，琳琅满目，跟报菜名似的：

北京则苹婆果、黄鼠、马牙松；

山东则羊肚菜、秋白梨、文官果、甜子；

福建则福橘、福橘饼、牛皮糖、红腐乳；

江西则青根、丰城脯；

山西则天花菜；

苏州则带骨鲍螺、山楂丁、山楂糕、松子糖、白圆、橄榄脯；

嘉兴则马鲛鱼脯、陶庄黄雀；

南京则套樱桃、桃门枣、地栗团、莴笋团、山楂糖；

杭州则西瓜、鸡豆子、花下藕、韭芽、玄笋、塘栖蜜橘；

萧山则杨梅、莼菜、鸠鸟、青鲫、方柿；

诸暨则香狸、樱桃、虎栗；

嵊则蕨粉、细榧、龙游糖；

临海则枕头瓜；

台州则瓦楞蚶、江瑶柱；

浦江则火肉；

东阳则南枣；

山阴则破塘笋、谢橘、独山菱、河蟹、三江屯蛏、白蛤、江鱼、鲥鱼、里河鲀。

你一定也发现了，这里头基本是各色水果、藕、栗、菱。当然，也夹杂了鱼脯、火肉、红腐乳这些吃食。大体上，这些的确是"吃个味道"的东西，而不是为了饱肚。

这大概便是张岱所谓"清馋"。有钱有品的才子，馋也不是馋鱼肉，而是风雅的"清馋"。

既然"清馋"，难免要玩点儿别致花样。比如张岱写道，他会亲自养牛、挤牛奶，并用牛奶跟豆粉掺和做奶豆腐，或煎成酥来做饼，甚或做成带骨鲍螺。

带骨鲍螺是什么呢？这玩意儿太神奇，张岱说人家做时都要关起门来，秘而不宣。古龙在小说《决战前后》里让欧阳情给陆小凤做过一次。《金瓶梅》里，西门庆说只有李瓶儿会做这东西。

在《物理小识》中，这玩意儿叫作醒醐酥酪抱螺。醒醐是乳制品，而抱螺的做法则是："牛湩贮瓮，立十字木钻，两人对牵，发其精液在面者构之，复垫其浓者煎。撇去焦末，遂凝为酥。其清而少凝者曰醍醐，惟鸡卵及壶芦可贮不漏……少加羊脂，烘和蜜滴，旋水中，曰抱螺，皆寒月造。切莱菔一二片，去其膻。"

大概就是趁冬天做牛奶凝酥，然后加羊脂与蜜做成的甜品吧？

张岱也爱吃蟹，说蟹的好处就是不加盐、醋而五味全——这里的趣味近于宫廷人吃蟹的，却跟常峙节的太太给西门庆做的土豪吃法大不同。张岱自己在《陶庵梦忆》里吹嘘自己吃十月秋蟹，壳如盘大，紫螯跟拳头那么大，小脚肉油油的。掀蟹壳，膏腻堆积，如玉脂珀屑，团结不散。当时他跟朋友们每人六只蟹吃下去，还要肥腊鸭、牛乳酪、醉蚶和鸭汁煮白菜。

这些吃完还要吃水果：谢橘、风栗、风菱。饮玉壶冰酒，吃兵坑笋、新余杭白米饭，喝兰雪茶。吃到酒醉饭饱，不忘说"惭愧惭愧"。

丝不如竹，竹不如肉，都是渐近自然的缘故。

Life Aesthetics of Chinese Diet

他的吃法就和西门庆那种土豪吃法不同，讲究新鲜，讲究有味。当然，和西门庆一样，他吃完蟹也要来点儿鸭子肉。

张岱这句"惭愧惭愧"看似谦谨，其实颇有点儿"上面这段我炫耀完了，侥幸侥幸，不好意思啊"的意味。

他写的另一次"惭愧"，是有一次他读书的天镜园前有笋船经过，喊一声"捞笋"后将笋搁水里便走了；园丁划船捞了笋——形如象牙，白如雪，嫩如花藕，甜如蔗霜——张岱煮来吃了，无法形容，只有"惭愧"。

比张岱小十四岁的大名士李渔，与张岱一样，身处明清之际，饮食风格也很有名士派头。

李渔（李仙侣），字谪凡，号笠翁。一看这字号，世外仙人的派头就出来了。他老人家写剧本，懂生活，爱吃螃蟹，还写出了《肉蒲团》这等艳情作品来，一辈子也算造了个舒服。他老人家将其对吃的理解在《闲情偶寄》里一并说了，大致偏好如下：

——好自然。他强调声音之道，丝不如竹，竹不如肉，都是渐近自然的缘故。同理，饮食之道，脍不如肉，肉不如蔬：因为蔬菜比较接近自然嘛。

——蔬菜好在清洁、芳馥、松脆，但最妙的是个"鲜"。笋是最鲜的，其次就是蕈菇类了。这就和张岱吃笋之后的"惭愧"对应上了。

——瓜、茄、芋等果实类，可以兼当饭。山药是蔬菜里的全才。

——葱、蒜、韭菜，气味太重。蒜绝对不吃，葱可以做调料，韭菜只吃嫩的。萝卜也有气味，但煮了之后吃也能将就。这就和宫里人吃加蒜过水面不同了：大概李渔这品位比宫里人的还精致。

——面要有味，面汤得清，这才叫吃面。所以李渔自己发明了五香面和八珍面。五香面即和面时就把煮虾、焯笋的汤和酱、醋、芝麻屑等调在一起，再用滚水下面（这样就很鲜了）。八珍面同理，鸡、鱼、虾晒干，笋、菇、芝麻、花椒等磨粉，一起和在面里……

——少吃肉。牛肉与狗肉不该吃，产卵期的鸡不要吃，分量不到一斤的鸡不要吃……

可是说到鱼虾，老先生立刻眉飞色舞：吃鱼要讲究新鲜，鲜鱼适合清汤做法，肥的适合炖着吃。虾是必需荤菜，譬如笋是必需蔬菜似的，因为鲜！这一点和欧阳修与陆游的喜好差不多了。

李渔更是高喊：蟹本身就味道丰富，绝对不能胡乱加工！蟹是万物中最好吃的——大概他跟张岱两人吃蟹，能抢起来吧！

早先唐朝陆龟蒙著有《蟹志》，宋朝高似孙著有《蟹略》。陆游、苏轼等人吃蟹，也翻新了花样。虽然张岱和西门庆的吃法不同，但都深得蟹味。

李渔如此一个对鲜味上瘾的人，自然爱蟹成狂。比起隋炀帝当初吃的蜜蟹，李渔和张岱吃蟹，口味就格外自然了：要的就是少加调料，滋味天然，好。

你一定发现了，李渔的口味比较清淡，和张岱所谓的"清馋"有异曲同工之妙。而且，李渔喜欢笋、菇、山药、清汤面、虾、蟹，讨厌重口味。虽然他嘴里说着最好别杀生，但念叨到鱼、虾、蟹就忘乎所以……

这大概就是明朝饮食美学的高峰了吧。

到了清朝，饮食文学的集大成者大概是袁枚的《随园食单》。

袁枚曾自夸说，大观园的原型就是他家的随园。所以，他的吃法挺像《红楼梦》中人的。

他那本《随园食单》，有些地方确有其意义。比如，他将饮食的地位提高到了艺术修养的地步，还引了曹丕的《典论》："一世长者知居处，三世长者知服食。"懂美食也成了一种修养。

书里有些道理很对，比如他认为：

凡物各有先天，如人各有资禀。
调剂之法，相物而施：要看食材来调味。
清者配清，浓者配浓，柔者配柔，刚者配刚，方有和合之妙。
满洲菜多烧煮，汉人菜多羹汤。

他关于器皿的说法也颇有道理：

宣德、成化、嘉靖、万历年间的器皿太贵，容易毁伤，不如用御窑：已觉雅丽。

不该拘泥于十碗八盘。

盛菜、煎炒宜盘，汤羹宜碗；煎炒宜铁锅，煨煮宜砂罐。

袁枚定了一堆标准，比如小炒肉用后臀，鸡用雌才嫩，莼菜需用头；菜色之美该净若秋云、艳如琥珀；要一物各献一性，一碗各成一味。

这是已经将饮食细化到了艺术境界。

大概对明清知识分子而言，衣食住行样样体现品位、趣味，得处处风雅、天然，才称得上姿态呢！

后来清末到民国时，读过书的人许多也还是这种秉性，甚至在饮食上琢磨出各类花样。比如抗战期间，陈果夫研究了一道菜，号称天下第一菜：将鸡汤煮成浓汁，虾仁、番茄爆火略炒，加入鸡汁，勾轻芡，备油炸锅巴一盘，趁热浇上勾过芡的鸡汁番茄虾仁。陈果夫觉得，如此便色、香、味、声四者悉备。

他还得意扬扬地说："鸡是有朝气的家禽，虾是能屈能伸的水族，原料鸡、虾、番茄、锅巴四样中，动物两样，植

Life Aesthetics of Chinese Diet

物两样，植物中一红一黄，动物中一水一陆，都是对称的。同时这道菜既富营养，价又不昂，的确称得起天下第一菜。"

听起来头头是道，还挺讲究对称，讲究朝气和屈伸呢。自《随园食单》之后，这份姿态是文人们的典型爱好。

最能体现文化人饮食的清鲜审美的，莫过于茶。毕竟中国人爱喝茶，还有"茶饭不思"一说，茶可是和饭并列的。

到了明朝后，贵人喝茶很讲究。

按《酌中志》记载，内廷喝茶是六安松萝、绍兴芥茶、径山茶、虎丘茶；而在《金瓶梅》里，西门庆家也喝"六安茶"。

按《两山墨谈》所写："六安茶为天下第一。有司包贡之余，例馈权贵与朝士之故旧者。"西门庆家是土豪，还能跟蔡京搭上关系，能喝到也不奇怪。所以小说里吴月娘吩咐宋惠莲："上房拣妆里有六安茶，顿一壶来俺每吃。"

另一处显格调的，是吴月娘和西门庆喝好了，扫雪烹茶，烹的是"江南凤团雀舌芽茶"。这团茶在宋朝更流行，这里不排除作者刻意拟古，以突出小说里的宋朝背景。

高濂在《饮馔服食笺》中说"日常养生，务尚淡薄"，连喝个茶都要"人饮真茶，能止渴消食，除痰少睡，利水道，明目益思，除烦腻"。但高濂自己又吹："茶以雪烹，味更清洌。所为半天河水是也。不受尘垢，幽人啜此，足以破寒。"

他在《遵生八笺》中也强调了一大堆宜与不宜："茶有真香，有佳味，有正色。烹点之际，不宜以珍果香草杂之……若欲用之，所宜核桃、榛子、瓜仁、杏仁、榄仁、栗子、鸡头、银杏之类，或可用也。"大概，果仁泡茶也算不太串味的喝法吧。

张岱写过几个有关茶的段子。关于水，他则会专门找到禊泉，打水上来，过三天，没了石腥气，喝来觉得过颊即空，好。用来煮茶，香气散发。

又说他推广起来的兰雪茶，用禊泉水才能煮出香气：加入茉莉，敞口盛放，等凉了再以滚水冲泡，颜色如竹箨方解、绿粉初匀，又如山窗初曙、透纸黎光。好形容！

他也谈和茶友闵汶水的交情。二人喝茶的方式已成智力题。

当日张岱去南京闵家喝茶，茶室窗明几净，有荆溪壶、成宣窑瓷瓯十余种，都是精绝的好东西：器皿也是好的。

闵汶水请张岱喝茶，哄他说是阆苑茶，被张岱识破，说实是罗岕茶。又说水是惠泉水。怎么运到南京呢？淘井，静夜等新泉来了，汲取之，用水运，船只顺风而行，少动荡，以保持水的质地。

到此地步，已经精致到了艺术层次。看张岱写茶用词，可见他的饮食审美。这一代文化人是在追求一种自然清爽、诗情画意、不落俗套的精致食风。

话说，这份诗意、闲适的讲究，这份天然、淡雅的清鲜，就是中国饮食美学的巅峰了吗？

就以喝茶为例，除了上面列的这些诗情画意的喝茶法，古书里其实还有一派。

比如《红楼梦》里有名的一段喝茶对比：目下无尘的妙玉请宝钗、黛玉二人喝"体己茶"，但很讲派头，一听黛玉问"这也是旧年雨水"便"冷笑"，说黛玉是"大俗人"。

民间来的刘姥姥喝惯了熬的浓茶，一口喝了妙玉给的泡茶，说："好是好，就是淡些，再熬浓些更好了！"

如《水浒传》里王婆的宋朝茶铺动辄卖梅汤、和合汤之类的饮品，《金瓶梅》里也有许多当日的民间茶饮。比如西门庆见孟玉楼，孟玉楼是商人的媳妇，所以端出福仁茶——这是用福建橄榄泡的茶，很合孟玉楼的身份。

之后又有蜜饯金橙子泡茶，大概取个甜口？

王六儿家算是职业经理人，她勾搭西门庆时，就请他喝胡桃夹盐笋泡茶。这一款和之后的木樨青豆泡茶、木樨芝麻熏笋泡茶，看去都是连吃带喝，一盏茶里都有了。

还有果仁泡茶、榛松泡茶，也不奇怪。

读过《西游记》的自然记得，蜘蛛精们的师兄多目怪假装请唐僧师徒喝茶时，唐僧师徒的茶里加的是红枣，多目怪自己的茶里加的是黑枣。这种茶里加枣子的喝法，唐朝是不流行的，也就明朝才有。

大概雅人喝茶喝产地好差，喝"真香""佳味"；平民喝杂饮泡茶，喝个舒服。从此处，我们发现了另一种视角：在这些上流社会的宫廷人、富贵人与读书人之外，在这些精细、规矩、排场十足、清鲜的饮食审美之外，存在另一派民间审美。

另一种视角

如果你细读过《随园食单》，大概会注意到一点：袁枚写做饭，细节时长时短，还时不时说一般人做饭怎么落了俗套，又时常炫耀几句：我看钱观察家里夏天用芥末、鸡汁拌冷海参丝就挺好嘛！

燕窝不能放太少，不然乞丐卖富，反落笑柄！

大概袁枚写饮食，很在意求新鲜、不落俗套，希望显得有品位；又会时不时自夸一下，显得自己与众不同。

而且，袁枚有些规矩立得过于绝对了。比如，他强调一物有一物之味，不可混而同之。这似乎太强求纯粹了，按他的逻辑，杂烩锅怎么办呢？

比如，他认为上菜时应该先咸后淡，先浓后薄，先无汤后有汤。这就有些一概而论了。按他这意思，宋朝宴席流行的先上果子，再上下酒肉与肉羹，再上烧烤的吃法，大概就不行了吧。而且，今日的法餐都是先上前菜或汤，再上主菜，最后上甜点；酒的顺序也是开胃酒、佐餐酒、收尾甜酒，越来越浓，似乎也和袁枚的意见不合。

又比如，袁枚认为"腰片炒枯则木，炒嫩则令人生疑；不如煨烂，蘸椒盐食之为佳"。我很怀疑他是否吃过火候到位的炒腰花。

袁枚还认为该戒火锅，认为"对客喧腾，已属可厌"，加上各菜熟的火候不同，"一例以火逼之"，味道不行。但他大概没考虑过：如果下火锅的料材质均一、厚薄适当，就没有火候的问题；如果煮火锅的人懂得因地制宜，羊肉一涮即起，面条久煮，毛肚轻烫，鱼片略炖，自然有不同的味道嘛。

此外，袁枚还扬言自己"不喜武夷茶，嫌其浓苦如饮药"。大概他真挺坚持自己的清淡审美？

类似的，李渔不肯吃蒜，高濂拼命煮粥。清雅归清雅，但似乎有点儿单一。

说这些是中国饮食美学最高雅的部分，挺好。如果说这些是中国饮食美学的唯一标准，似乎就不那么让人服气了。

同样是清朝大才子，钱泳的话就很有意思。

他说京师茅耕亭侍郎家做菜第一，但每桌所费不过二千钱。可知不在取材多寡，在于烹调得宜。又说饮食一道如方言，各处不同，只要对口味。

这话听上去似乎比高濂和袁枚那密密麻麻、淡雅高贵的规矩要宽和、有趣，也近人情一些。

如前文所述，从富贵人饮茶和民间饮茶之间看得出两种作风。其实这些分歧不只是在茶上。

比如《金瓶梅》中提到的点心，似乎以果馅和油酥居多。前者取个甜口，后者有口感且易储存，不易放坏。可是哪怕是点心，也见高低：玫瑰鹅油烫面蒸饼就是西门庆吃的，毕竟鹅油高级得很，等闲人家吃不到；玉米面玫瑰果馅蒸饼就是给奶妈们吃的，那是粗粮。可谓等级分明。

敢情，明朝除了如西门庆那样骄奢淫逸的，也有吃粗粮的百姓。《红楼梦》里，王熙凤让赵嬷嬷吃火腿炖肘子。大概这类肉菜，老爷、小姐们未必吃得多，但它肥厚浓香、香而不腻，赵嬷嬷们可以大快朵颐。

敢情，除了茄鲞那么神奇的菜式，贾府里也有火腿炖肘子啊。

《西游记》里，五庄观清风、明月二道童发觉丢了人参果，要抓师徒四人，却假意请他们吃饭。其配菜就显出明朝时道观的风格了：酱瓜、酱茄、糟萝卜、醋豆角、腌窝蕖（莴苣）、焯芥菜。细看来，都是酱腌醋泡的，这顿看着很写实。

老鼠精要抓唐僧成亲，做的饭也曲意逢迎：王瓜、瓠子、白果、蔓菁、镟皮茄子、剔种冬瓜，烂煨芋头糖拌着，白煮萝卜醋浇烹。

论食材，这一顿不如女儿国那一顿华丽，略显家常，但好在用心：茄子去皮才软，冬瓜去籽儿口感才匀整，糖拌芋头很妙，白煮萝卜淡了？浇醋吧——食材处理得很是用心，可见明朝处理蔬菜的技艺已经很熟练了。

比起那些天花乱坠、不知味道如何的神奇描述，这些实实在在的菜式似乎更让普通人觉得亲切。

《清稗类钞》说过，乾隆南下，以为吴地风俗奢侈，一天吃五顿饭。其实并非如此。清朝乾隆年间，苏州、常州也是早饭煮粥，午饭吃米饭，剩下的米饭晚上泡水一煮，是为泡饭。

上面的人眼里看见的，与下面的是不同的。所以，明清时的百姓是怎么个吃法呢?

同样是江南人，清朝苏州人沈复在《浮生六记》里提到的吃法，就没袁枚那么多"须知必读"的规矩。

许多吃法是如今苏州人依然熟悉的。

上文提到了苏州的粥，其实沈复和他妻子芸娘最初结缘，与粥有关。某日三更，沈复肚子饿，想找吃的。老婢女给他枣脯吃，沈复嘴刁，嫌太甜了——这个细节挺有意思。"苏锡常"那里的老百姓，尤其老人家，确实爱吃口甜的;家境好些的，口味就淡一些了。

芸娘知道后便暗牵沈复的袖子到她房里，原来藏着暖粥和

中国人的生活美学·饮食

苏州人极重风雅，讲究美食美器，美食美人。整部浮生六记里，沈复和芸娘都在琢磨怎样吃得更风雅。

Life Aesthetics of Chinese　Diet

小菜呢。

明朝时，苏州人已习惯早饭吃稀饭，名曰泡饭。沈复后来就写了，芸娘每天用餐必吃茶泡饭，还喜欢配芥卤腐乳，苏州惯称此物为"臭腐乳"，又喜欢吃虾卤瓜——现在我们吃酱瓜，与此类似。这说起来也有道理：腐乳好在便宜，而且下粥、下饭两便。

芸娘还爱用麻油加少许白糖拌腐乳吃，也很鲜美；将卤瓜捣烂用来拌腐乳，起名"双鲜酱"，味道异样美好——这点儿口味，现在依然。江南人很喜欢酱油、麻油合起来的口味，再加高醋，就是所谓三合油。用腐乳配酱油和白汤炖肉，也是无锡乡下常见的口味。

苏州人极重风雅，讲究美食美器、美景美人。整部《浮生六记》里，沈复和芸娘都在琢磨怎样吃得更风雅：

夏天，租下别人菜园旁的房子，纸窗、竹榻，取其幽静。竹榻设在篱笆下，酒已温好，饭已煮熟，便就着月光对饮，喝到微醺再吃饭。沐浴完了，便穿凉鞋持芭蕉扇，或坐或卧，更鼓敲了三更了，回去睡下，通体清凉。九月菊花开了，对着菊花吃螃蟹。说起来觉得这样布衣菜饭，终生快乐——妙在这饭吃得没那么花里胡哨，挺家常，也挺温馨。

后来沈复和朋友们寻思去看花饮酒，只是带着食盒去，对着花喝冷酒吃冷食，那是一点儿意思都没有。当然，有人提议不如就近找地方喝酒，或者看完花回来再喝酒，可一寻思，终究不如对着花喝热的来得痛快。

于是芸娘想出了个法子。她看见市井中有卖馄饨的，担着锅、炉、灶，无不齐备，便直接雇了个馄饨挑子热酒菜，再带一个砂罐去，加柴火煎茶。次日这招真有用：酒肴都烫热、温熟，一群人席地而坐，放怀大嚼。旁边游人见了，无不啧啧称羡，赞想法奇妙。这就是典型的苏州人了。

妙在最后红日西坠时，沈复又想吃碗粥，卖馄饨的那位还真就去买了米，现煮了粥。

就是因为这番爱好，后来沈复出门溜达都要吃东西：

清明节去春祭扫墓，请看坟的人掘了没出土的毛笋煮羹吃。沈复尝了觉得甘美，连吃了两碗，还被先生训说：虽然笋味道鲜美，可是容易克心血，应当多吃些肉来化解。出门扫墓，还想着吃笋肉羹呢！

后来他在紫云洞纳凉，发现石头缝隙里透着日光。原来有人进洞设了短几、矮凳，摆开家什，专门在此卖酒。于是沈复解开衣服小酌，品尝鹿肉干，觉得甚是美妙，又配搭些鲜菱、雪藕，喝到微醺才出洞——苏杭都讲究借景饮食，名不虚传。

他跟哥们儿去无隐庵，在竹坞之中看到了飞云阁，四面群山环抱，唯西南角可遥见一带水流浸着天边，那就是太湖了，风帆之影隐隐约约。倚窗俯视，只见风吹动竹林梢头，犹如麦浪翻滚。看着如此妙景，沈复忽然饿了。怎么办呢？庵中少年想把焦饭煮了，作为茶点招待，沈复却吩咐他改煮茶点为煮粥。

大概《红楼梦》里的贾母、《浮生六记》里的沈复与写下《随园食单》的袁枚，可分别代表清朝贵族、平民与读书人的饮食审美。

贾母追求精致的取舍，袁枚则试图将饮食提升到艺术的高

风吹动竹林梢头，犹如麦浪翻滚。看着如此妙景，沈复忽然饿了。怎么办呢？庵中少年想把焦饭煮了，作为茶点招待，沈复却吩咐他改煮茶点为煮粥。

度——当然难免有高自标榜之嫌。

而沈复所代表的苏州市民吃法，虽没那么高雅，却显得清鲜、有趣，而且透着对食物本身的热爱。

这也是中国饮食美学的一部分，而且是很重要的一部分。虽没有啥理论依据，却实实在在有价值。

齐如山先生指出过一点：中国古代的学者、文人，多以为饮食是小事。写食书，多写关于皇帝、官员、阔人们的所饮所食。像元朝的《饮膳正要》，更是专为皇帝而撰。

也有明朝徐应秋编的《玉芝堂谈荟》一书。关于烹饪一门，他搜罗了许多旧书中的记载，但所记终究不是平民饮食。大概富贵人写饮食，即便写菜蔬，也是奢华、别致的烹饪法，偶及面食，也是糕饼等奢侈食品。

那么，百姓吃什么呢？

明朝，太湖地区有了粮桑鱼畜结合的基塘，南方有了双季稻。玉米、洋葱、烟草、番薯、辣椒、杧果、南瓜进来并得到推广、培植。加之天下一统，塞北、江南，乃至西南云贵地区都纳入版图，食材很丰富了。明朝的民间记载相对周全，我们也看得见百姓吃什么。

按《姑苏繁华图》看明朝时的苏州，可见当时的繁华：街市招牌上赫然已经有了品牌化的食物：南京板鸭、南河腌肉、金华火腿、胶州腌猪……这是各地物产；家常便饭、三鲜大面，这是食肆。然而，百姓日间吃食，还是很看年景的。按《沈氏农书》的意思，明朝已普遍实行三餐制，江南地区算是富庶所在。

大概一般的农家吃食，还是下面的规格：

早餐为泡饭——已与今时今日的相同——午饭大多吃米饭，晚饭则看不同季节存粮多少，再决定是吃米饭还是喝粥。

至于副食，则夏秋之间一日荤、两日素，春冬之间一日荤、三日素。所谓"荤"，大致是鲞肉、猪肠与鱼；"素"是豆腐加瓜菜。

《农圃六书》说，苏州农村人家六月里做麸豉瓜姜，是将小麦麸皮面与煮烂的黄豆一起加盐晒过，加生瓜、嫩姜切碎浸渍，用来佐粥。

也有将青瓜片去瓤后用盐搓，生姜、陈皮、薄荷、紫苏等切丝后加入，再加茴香、砂糖等，放进酱中腌制后晒干，是为酿瓜。

当然，许多读书人并不喜欢就是了。

像梁实秋在《雅舍谈吃》里提到酱菜时说："油纸糊的篓子，固然简陋，然凡物不可貌相。打开一看，原来是什锦酱菜，萝卜、黄瓜、花生、杏仁都有。我捏一块放进嘴里，哇，比北平的大腌萝卜'棺材板'还咸！"

——连酱菜都觉得齁，这当然是风雅人的口味了。

不过，百姓做酱菜，味道重了才送得下饭嘛。

清朝宫廷御膳的规矩密密麻麻，前文已有述说；而平津人民的饮食，其蛛丝马迹则可见于各种民间作品里。

如陈荫荣先生的长篇评书《兴唐传》里提到，秦琼教罗成吃摊鸡蛋饼、鸭油素烩豆腐、醋熘豆芽、大碗酸辣汤。

比如程咬金安排用车轮战对付杨林时，让诸位好汉吃牛肉汤泡饭加烙饼卷牛肉。

比如程咬金自己去吃霸王餐，强调拆骨肉多加葱丝，炸丸子要勺里拍、锅里煸，为的是炸得透，还要老虎酱、花椒盐，另外带汁儿，说这是"炸丸子三吃"——这些出自清末民初说书先生之口，当然不是隋唐好汉吃的，不妨看作清末京津唐市井人民认定的好吃之物。

按《旧京琐记》的说法，老北京的商业行当之中，山西人和山东人最强：汇兑银号、皮货、干果诸铺，多是山西人经营的；经营绸缎、粮食、饭庄的店铺，皆多是山东人开的。

但论饮食业，南方人也有一席之地。比如三胜馆即以吴菜著名，说是苏州人吴润生开的。

据说官员们喜欢去半截胡同里的广和居。当时的名菜也喜欢攀附名人。比如张之洞爱吃蒸山药，曾国藩喜欢吃的叫"曾鱼"。所以，后来民间还有什么李鸿章杂烩，甚至海外现在都吃以左宗棠命名的左公鸡。

晚清正阳楼已经以善切羊肉、片薄如纸著名，蟹也很了得。据说螃蟹进京，都是正阳楼先挑选，所以味道最佳，价格当然也得翻倍。那时缸瓦市的砂锅居以卖猪肉闻名，其卖点之一是桌椅皆用白木制成，每天都保持得干干净净，故此旗人格外喜欢。

户部街的月盛斋以售酱羊肉出名，装了盒子当礼品也可以，经几个月都不会坏。妙在当时月盛斋左右皆官署，居然没被征收，也很神奇。

平民则常在二荤馆吃东西，食品不离猪肉与鸡肉。其中，煤市街的百景楼以价廉物美著称，缺点是吵闹了些。

坐在家里也有吃的。《顺天府志》说，民家开窗面街，炕在窗下。卖小吃的来往经过，从窗口递吃的。对常年在家的妇女而言，买东西就方便了。

北京人那时吃肉，还是以羊肉为主，猪肉次之，再下来是鱼。从时令上来说，八九月间，正阳楼的烤羊肉是都城人民的挚爱。火盆里燃上炭，罩上铁丝，把肉切成如纸般的薄片，烤得香味四溢。食肉还讲姿势：一脚站地上，一脚踩着小木几，拿筷子吃肉，旁边摆上酒，且烤且吃且喝，快活得很。常见有人吃三十来串肉，喝二十多瓶酒，这真

八九月間，正陽樓的烤羊肉是都城人民的摯愛。火盆裏燃上炭，罩上鐵絲，把肉切成如紙般的薄片，烤得香味四溢。

是好食量了。

水产则流行大头鱼和黄鱼，也有螃蟹。

清朝北京的主食还是以面为主，米饭次之。京城人民喜欢吃仓米，也叫老米。据说仓储久了，米有独特的香气。又说南方的米经过漕运入京，一蒸就变红，看着好。

蔬果之类也很有特色。先前流行"不时不食，应时当令"，这会儿吃"应时"已经不能让人满足了。香椿、芸豆、菱藕等，都要吃不合时令的才算有意思。于是有了"洞子货"，说白了就是温室出品。价格当然也高：年初如果买得到黄瓜，一根就值一二两银子。

关于清朝山东的饮食，马益著曾有一篇《庄农日用杂字》，描述乡农日用，非常精彩，不妨看作当时民间的饮食记录。其大概要点是：

早饭吃点心，晚上吃糖圆。
夏天吃鸡蛋肉丸面，用麻汁调凉粉，取个清爽。
冬天吃肥羊肉和烧黄酒，取暖。
狗肉是常用肉，牛肉蘸醋与盐吃——大概因为是农家，吃牛肉也行。

对虾和蟹子算水产里贵的，但也有乡民买来吃。

金华火腿搭配肘子，这种做法当时也流行了。

小猪、小羊羔适合烧烤，用刀子片了蘸酱油吃。

最好的茶还是六安茶——和吴月娘的观念差不多。

南果适合佐茶：橘饼、香橼之类为首，其次为山楂、桃杏、石榴、柿饼。

面食则有油果、馍馍、薄脆月饼。

说到鹿筋、鱼翅、海参、鲍鱼、猴头、燕窝之类，作者就语焉不详了——大概民间不容易吃到。

总之，这些文字的确很能体现当时的乡农生活。

同是山东人，清代的蒲松龄则写过一篇《日用俗字》，可以当作那时的厨艺指南。大略心得包括：

筵席要五味周全，茴香、莳萝之类都得有；猪胛肘得加醋、酱后烧烂，猪头、猪蹄要镊毛后刷干净再开始烹饪。猪肚加姜，猪肺加椒；白肠得横切，猪肝要竖切；肥膘切成块，瘦肉剁成丸子；鹅、鸭得煺毛来炒，兔、鸡要洗干净血迹；金华火腿适合清素做法；用到高邮鸭蛋时别加太多盐。

后面就是罗列了，提到几十种糟味，提到烧卖（在他笔下叫稍卖），提到发酵和面，甚或薄脆、油馓子、糖酥饼、橘饼、糖渍青梅之类。

虽是日用俗字、乡间吃食，但也很有规模；虽不够雅，但对饮食充满了实实在在的热情——这也是一种审美吧。

民
间
的
审
美

说到清朝民间饮食，最自然、直白的勾勒，不妨看看《儒
林外史》。

张爱玲说："从前相府老太太看《儒林外史》，就看个
吃。"大概《儒林外史》描述食物的扎实、接地气，是当
时公认的。所谓"相府老太太"，指李鸿章的养子李经方
的太太刘夫人（夫妻二人都是安徽人）。张爱玲的曾爷爷
张印塘、奶奶李菊藕、奶奶的父亲李鸿章，都跟安徽关系
深远。而《儒林外史》的作者吴敬梓就是安徽人，后来搬
去了南京。所以，大概相府老太太读《儒林外史》感受一
下安徽故乡菜，也是可能的。

《儒林外史》里，薛家集上一群乡民去庵里说事，让和尚给
他们预备苦丁茶、云片糕、红枣、瓜子、豆腐干、栗子、

蒲松龄的日用俗字、章回评书等描绘的平民饮食细节、各色市井纪实，体现着中国饮食美学俗的那一面，质朴价廉，但也可以很好吃。

Life Aesthetics of Chinese Diet

85

杂色糖，临了还要了一斤牛肉面。和尚也只能小心地伺候着。

在中国古代，寺庙从来功能多样，看花进香，诵经拜忏，吃斋饮茶，算是个社交场所。所以，大庙方丈都有财有势，还能把庙周遭的土地拿来出租；小地方的庵则可怜巴巴的，更多依靠当地人的布施。所以，和尚伺候起来当地人也只好小心翼翼的。

周进作为一个老秀才，被请去当乡民小孩的老师，也是没法子：古代没仕途的秀才，许多都是一边找老师岗位做，一边继续读书的。当老师还算体面，还被请了一顿。在席上，周、梅二位秀才的茶杯里有红枣，席上其他人的都是清茶。这多出来的红枣就是乡民对知识分子的敬重了。

小镇上的菜很实在，花样不多：猪头肉、公鸡、鲤鱼、肚肺肝肠。周进因为吃斋，只肯吃实心馒头和油煎杠子火烧；又怕汤不干净，讨了茶来吃点心：谨慎又迂腐，跟唐僧差不多了。按说他是这一席的主角，结果猪头肉、公鸡、鲤鱼都便宜了凑席的其他人，想来也是滑稽得很。

著名的《范进中举》中的主人公范进是广东人。他在广东吃县官的宴席，就有燕窝、鸡鸭、广东出的柔鱼、苦瓜和虾丸。遇到严贡生，食盒里有九个盘子，多是鸡、鸭、糟鱼、火腿之类。糟鱼、火腿耐储存，搁在食盒里比汤汤水水的方便。

严贡生看似是个读书人，其实是无赖本性。他坐船时有些晕船，吃了云片糕就好了些，顺手把云片糕搁在了船板上；掌舵的随手拿来吃了，被严贡生反过来讹诈。掌舵的以为云片糕不过是瓜仁、核桃、洋糖面粉制成的——和今日的差不多。

《儒林外史》里也有安徽菜。

邹吉甫是个居住在安徽乡间的老人，给娄府的两位公子送礼物时，儿子随身的布口袋里装了炒米、豆腐干。这细节写得真好。

郑板桥曾说："天寒冰冻时暮，穷亲戚、朋友到门，先泡一大碗炒米送手中，佐以酱姜一小碟，最是暖老温贫之具。"郑板桥客居扬州多年。扬州在江北，食物吃法与南京、安徽的论得起渊源。炒米不珍贵，但方便，各家都有，用热水一泡就能吃，胜过临时煮面。豆腐干则更是安徽、南京、扬州一带都做得好的。

浙江处州人马二先生去西湖溜达时所见的吃食，很能体现清朝时西湖边的民间饮食：肥羊肉、滚热蹄子、海参、糟鸭、鲜鱼、馄饨。这些都能随意买到。可惜马二先生穷，就吃了一碗面、一碗茶，买了两个钱的处片来嚼嚼；后来又吃了橘饼、芝麻糖、粽子、烧饼、黑枣、煮栗子，吃了一路。

处片有点儿讲究：这玩意儿是处州的笋干，鲜而有味，且耐嚼。马二先生是处州人，在西湖他乡遇故知，当然是要吃的。

后来马二先生遇到了骗子洪憨仙。虽然洪骗子本事不大，请吃饭时分量却不差：一盘稀烂的羊肉、一盘糟鸭、一大碗火腿虾圆杂烩、一碗清汤。正所谓"虽是便饭，但也这般热闹"。

《儒林外史》里的第一号野心家是匡超人。他到杭州后结识了一群附庸风雅的假名士，看透了这些腐儒的本性。有个叫景兰江的请匡超人吃饭，只吃了一钱二分银子的杂烩和两碟小吃：一个是炒肉皮，一个是黄豆芽。寒酸至极！还是这批假名士，凑份子吃东西，依然穷酸得没眼看。胡三公子去鸭子店买肉，怕鸭子不肥，拔下耳挖来戳戳，看鸭胸肉厚才买了。之后要买三十个馒头时，店家卖一个馒头三个钱，他还价两个钱，跟店主吵了起来，于是不买馒头，改买素面了。最后他又要了些笋干、盐蛋、熟栗子用来下酒——一样荤的都没有。

之后匡超人遇到当地土豪潘三，待遇立刻天翻地覆。潘三说，那些假名士都是呆子，将来穷得淌屎。虽然话粗鲁，但真是痛快。他自己带匡超人到店里，张口叫切一只整鸭，来个海参杂烩、大盘白肉。真是威风凛凛！店家见是潘三爷，乐得屁滚尿流，鸭和肉都拣上好的、极肥的切来。海参杂烩用作料加味，真是了得！可见当时杭州海鲜品种之丰富，海参杂烩都能随手立办。

浙江新安的牛浦在乡下时，陪祖父吃笋干、大头菜——这又是浙江风貌了。后来坐船时，他恰好跟富贵人同行。人家吃饭派头大：随从取了金华火腿洗了，又买新鲜鱼、烧鸭、鲜笋、芹菜来做饭。坐船的好处是随处有鱼买，火腿则带在行囊里，久贮不坏，随时可以拿来做菜。这家人也算讲究。相比起来，牛浦就只有一碟萝卜干和一碗饭，高下立见。也难怪牛浦后来寻思冒名顶替、攀龙附凤了：人家就在你眼前洗火腿、买鲜鱼，你却只有萝卜干吃！谁受得了这份刺激？！

故事背景移到了南京。鲍文卿这角色虽是戏子，古代被看作下九流之辈，却是讲礼数的正人君子。他请倪老爹修琴，怕怠慢了，请倪老爹上了酒楼。跑堂的报菜名："肘子、鸭子、黄焖鱼、醉白鱼、杂烩、单鸡、白切肚子、生炒肉、京炒肉、炒肉片、煎肉圆、焖青鱼、煮鲢头，还有便碟白切肉。"

此处非常体现当时的南京风貌，第二个菜就是鸭子，剩下大半都是鱼，糟腌的就不如安徽、浙江那么多了。

倪老爹客气，说："我们自己人，吃个便碟吧！"那就是寻常菜了，鲍文卿说便碟不恭，先叫堂倌切鸭子来，再爆肉片下饭——说明这鸭子是冷的，敢情类似于盐水鸭？

鲍文卿过继了倪老爹家的鲍廷玺，之后鲍廷玺要娶亲，媒婆沈大脚说出一个寡妇王太太来，这人真真厉害。这位王太太征婚，要求对方既要是官，又要有钱，又必须没有公婆叔姑。她每日睡到日中才起，每日要吃八分银子的药，还不吃大荤，头一天吃鸭子，第二天吃鱼，第三天吃荇儿菜，用鲜笋做汤。没事还要吃橘饼、圆眼、莲米搭嘴。每晚吃炸麻雀、盐水虾，喝三斤百花酒，还要有丫头捶腿到四更才睡觉。

鸭子、鱼、虾，那是时鲜才好吃；荇儿菜、鲜笋是江浙吃法，时令季节才有。这几样菜大概就是当时的精刁吃法吧。

杜慎卿与杜少卿兄弟二人是《儒林外史》里最能体现作者吴敬梓格调的人物。

杜慎卿请鲍廷玺吃饭，张口就是不要俗品，只要江南鲥鱼、樱桃、笋，下酒之物端的好生精致！买的是永宁坊上好的橘酒，杜慎卿自己只要笋与樱桃下酒——汪曾祺先生有篇《鉴赏家》，里头的风流大画家就是就着水果喝酒的，雅致至极。唐伯虎有诗写春末："眼底风波惊不定，江南樱笋又尝新。"这个"樱笋"就风雅得很。

吃完了，杜慎卿又要点心：猪油饺饵、鸭子肉包的烧卖、鹅油酥、软香糕。这是在大观园里都不丢人的好吃食。临了还喝了雨水煨的六安毛尖茶。从头到尾，他都可谓是风雅绝伦的一个人。可惜风雅过了头：后来季恬逸请杜慎卿吃饭，杜慎卿吃了块板鸭就呕吐了，最后吃了点儿茶泡饭了事。风雅是风雅了，跟马二先生对坐吃饭，一定是一口都不吃的。

杜少卿则仗义疏财，花钱没边。他被人问起一坛好酒——二斗糯米做出二十斤酿，兑二十斤烧酒，埋在地下已有九年七个月——便寻了出来，买了新酒掺了，再热了酒拉人一起喝。老黄酒似乎的确如此：陈酒黏稠、醇厚，不能直接喝，要找些新酒搅拌一番才行。

他们俩的吃喝基本象征着南京最风雅读书人的饮食。

如上所述，我们大概可以得出结论：中国明清之间的饮食美学可以分两类。一向更有名、更璀璨、更高端的，是《红楼梦》中的大富大贵，是各色宫廷膳食的细密时令规矩，是风雅如张岱、李渔、高濂、袁枚等读书人的理论成就、食单须知，这一切代表着中国饮食美学高雅华贵、清鲜脱俗的那一面。而《儒林外史》、蒲松龄的《日用俗字》、章回评书等描绘的平民饮食细节、各色市井纪实，体现着中国饮食美学俗的那一面：质朴、价廉，但也可以很好吃。

像袁枚在《随园食单》里写制作肉丸，要用到荸荠加强口感。

可是《东观汉记》说王莽末年，南方枯旱，饥民群入野泽，吃荸荠救难。《合肥县志》则提到嘉靖年间大旱，灾民吃荸荠度日。同是荸荠，有不同的吃法、不同的用途。富贵人用来加强口感的，却是贫苦人用来救命的珍物。

袁学澜有诗《煨芋》，说"煨芋度残冬"。是的，对明清时期的普通百姓而言，饿着肚子的冬天能有芋头，就算能安度一冬了。

这其中自有一派恤老怜贫的温甜，只是风雅人不太记录罢了。所以，除了高雅、华贵那一面的饮食文化，我们也可以往回追溯一下：当我们的饮食文化还没那么多精细技法与细密规矩时，是如何对待饮食的？中国的饮食文化是如何一直走到现在的？

回首上古：最初的起点

在我国史书里，上古时代谈论饮食，不只关涉美学。毕竟民以食为天，历史上的大部分时间里，百姓都在求温饱。

记录饮食就是在记录历史，所以格外多一份朴素，多一份自然。

关于上古时中国人吃什么，传说很多。夏商周时的许多吃食，只能根据一些后世记载来猜测。

托《封神演义》的福，纣王——也就是商朝的帝辛——大概是除了"尧舜禹汤"中的那位商汤外，民间最知名的商朝君主了。大家都说纣王穷奢极欲，"酒池肉林"——大概，这也是古代普通人能想到的最奢侈的画面吧？

纣王不只爱吃肉，好像还爱拿肉做文章。

在封神系列故事里，为了刁难后来当了周文王的西伯姬昌，纣王曾将姬昌的儿子伯邑考做成肉羹逼文王吃。

这事还真见于史书。《史记·殷本纪》里记载，纣王将伯邑考烹成肉羹让文王吃，还说"圣人当不食其子羹"；看文王吃了，纣王很得意：谁说西伯是圣人？"食其子羹尚不知也！"

这故事极为恐怖，类似的段子不只中国有，大概上古不同文明中都有吃人的传说。

刨掉其中血腥、残忍的部分，我们至少知道了一点：商朝已经有肉羹这种吃法了。商朝人不只吃肉羹，他们似乎已经意识到吃肉羹要调和滋味——这就已经超出基本的充饥需求，开始讲究味道了。

《诗经·商颂·烈祖》说："亦有和羹，既戒既平。"后面还有若干词句，似乎那会儿就有以和羹比喻诸侯和谐的意思。那意思是，商朝人已经掌握了调和肉羹的方法。与此同时，古人已经用"调味"来比喻政事了——在古代，吃真是件大事呢。

还是《史记·殷本纪》里说，纣王曾经醢了九侯，脯了鄂侯——醢，是剁碎为肉酱；脯，是将肉切成条状后制成肉干。挺吓人，但若我们忘掉纣王的扭曲做派，关注下细节，大概就能注意到一点：商朝人已掌握肉酱和肉脯的制作技术了。

"脯"这个字后来不只适用于肉食，腌渍晒干的果肉也叫"脯"，比如果脯。

纣王喜欢酒池肉林。《史记·殷本纪》里说，纣王喜欢"为长夜之饮"，看来他是个耐力型酒鬼。

考古发掘证明，商时已有喝酒用的爵、斝与角。

"斝"这个字后来在《红楼梦》里出现过，是在描写妙玉的茶器时。那时还有存酒用的罍、壶、卣、樽——后来苏轼写《前赤壁赋》，"举匏樽以相属"中的"樽"指的就是这个。后世都说，纣王因酒色亡国。后来三国时孙权喜欢夜饮，刚直的张昭劝谏他，就举了纣王作为反例，可见上古人已经知道酗酒实在要不得。

《尚书》里还有《酒诰》，这大概是我国最早的禁酒令。

据说周朝以殷商为鉴，认为酒喝多了"大乱丧德"，劝百姓引以为戒，应该"纯其艺黍稷"——专心种植黍稷，才是民生的关键啊！

说到黍稷，就触及我国古代人民生命的根本了。历来，我国人民求个好年景，是谓"五谷丰登"；说一个人无知，是谓"五谷不分"。

五谷是中国食物的根。黍稷又是五谷之首。黍是黄米，稷是百谷之长，有人说它是不黏的黍，有人说它是粟，有人说它是高粱。

谷物里还有一种叫"粱"，就是小米。粟是粱之不黏者，后来似乎用来代指所有粮食。

《论语·微子》说，孔子的弟子子路遇见隐者，对方"杀鸡为黍而食之"。鸡肉配黄米，想来很香，且有田园风味。后来孟浩然所谓"故人具鸡黍，邀我至田家"，源头就在这里。

除了黍、稷，五谷中还有麦、菽与麻。我们对麦都熟悉，菽是豆子，麻有籽，可以充饥。《列子·杨朱》里说了个故事：有贫民觉得麻籽可以吃，乡里土豪吃了，嘴疼肚子疼，根本受不了。

五谷对百姓很重要，故此凡跟人民抢五谷的都招人烦，人民吟唱诗歌，都要请它们别捣乱。

《诗经·小雅·黄鸟》云："黄鸟黄鸟，无集于榖，无啄我粟……黄鸟黄鸟，无集于桑，无啄我粱。"

《诗经·魏风·硕鼠》则说："硕鼠硕鼠，无食我黍……硕鼠硕鼠，无食我麦！"

黄鸟和硕鼠会糟蹋百姓的作物，人民看着烦心，拿这两种动物来讽喻坑害劳动人民的位高权重者也理所当然。

上古时贵人的饮食技艺还不算发达，但也在慢慢形成饮食文化。按《周礼·天官冢宰》的说法，食物的准备与供应自有专业人士负责。

如膳夫掌管王、后与世子们的饮食。有所谓"凡王之馈，食用六谷，膳用六牲，饮用六清，羞用百有二十品，珍用八物，酱用百有二十瓮"——吃东西都要讲究整数，似乎挺考验膳夫的算术。

当时的六牲是马、牛、羊、豕、犬、鸡。

按汉朝郑玄的注解，六清是六种饮料：水、浆、醴、凉、医、酏。浆是料汁，微酸，含酒精；醴是薄酒，偏甜；凉是糗饭加水制成的冷饮；医是加酒煮成的粥；酏是再稀一些的"医"。

有所谓庖人，主要对付飞禽走兽，在刀工方面自然须是一把好手。不同季节，贵人们吃的肉也不同。春天吃羊羔、小猪，秋天吃小鹿、牛犊，各有搭配。

有所谓内饔，负责辨别牲体和内脏的名称，辨别什么肉能吃、什么肉不能吃，以及什么部位的肉好吃、什么部位的难吃。宰割、烹煮、调味，内饔都得关心。

有亨人负责管鼎、镬，掌握（烹煮时）用水的多少和火候的大小，即负责烹煮。

有兽人负责供给牲肉，冬天献狼，夏天献麋鹿之类。

有渔人负责捕鱼、献鱼，甚至还有专门的鳖人负责献鳖、蜃、乌龟之类。"鳖人"这名字听来怪，但比起同时代专门负责做干肉的"腊人",似乎就没那么吓人了。

有专门的食医负责提供养生意见:春天给食物调味该酸些,夏天该苦些,秋天得吃辛口,冬天得吃咸口。肉与谷物还得讲究搭配:牛、羊、豕、狗、雁、鱼,分别适合秫(稻)、黍、稷、粱、麦、菰。

有笾人负责枣、栗、桃、干燎、榛实之类。

有醢人负责处理酱料。

有酒正和酒人负责供应酒。酒按清浊程度又分为五等:泛齐、醴齐、盎齐、醍齐、沉齐。大概那时酒越清越难得。所以唐朝杜甫说"潦倒新停浊酒杯"。"潦倒"配"浊酒",对得上。明朝杨慎写有"白发渔樵江渚上"的诗句,正因为是渔夫、樵夫这样的平民,所以才会有"一壶浊酒喜相逢"。

周朝特别讲礼,吃既然是古代人生活的主旋律,吃东西自然也分等级和原则。按《礼记·内则》中的规矩,大概是肉酱、大块猪肉、芥子酱和细切鱼肉这几样该拿来招待下大夫;如果加上野鸡、兔子、鹌鹑、鹌雀的干肉,就可招

101

待上大夫了。

国君吃宴席，也得讲搭配。比如，麦饭、肉羹、鸡羹得配合着吃；米饭、狗肉羹和兔肉羹得一起吃。大概逢正式场合，国君都不好挑食。

煮猪、鸡、鱼和鳖时，都得在其肚里塞蓼菜去腥味——古代的调味料有限，只好这样做了。

当时还有鱼子酱："濡鱼，卵酱实蓼。"——这个做法想来很有道理。

吃桃干、梅干时，该配以"大盐"——这感觉像是现代咸话梅、咸柠檬的先驱。

调和细切的鱼肉，也就是脍，春季用葱，秋季用芥子酱。这做法后来在唐朝盛行，现代依然有。调和猪肉，也就是豚，春季用韭菜，秋季用蓼菜。想来这中间的道理是：鱼肉鲜，故用葱，清淡些；猪肉味道重，可以用韭菜，味道重些。

调理牛、羊、猪三牲，用煎茱萸，再加醋；给其他肉类调味则用梅子。大概三牲肉味厚重，用醋比较解腻；至于其他肉类，用梅子的酸味调和就够了。

大夫日常吃饭，有"胾"就不能有"脯"，有"脯"就不能有"胾"——大概生产力没发达到那份儿上，不能过度骄奢吧？

古代的饮食原则已经注意到了年龄这一因素，于是有种说法认为，百姓中六十岁以上的老人"非肉不饱"，午饭、晚饭都应当有肉。后来天下纷乱，孟子还是要跟魏惠王说"七十者可以食肉矣"——老人需要蛋白质啊。

《左传》里，曹刿曾有名言"肉食者鄙"。曹刿倒不是在宣扬素食主义，他这样说只因当时能吃到肉的除了老人就是上层贵族。所以，一句"肉食者鄙"就将贵人们都讽刺了。

上古的贵族们不仅能吃到肉，还能吃到更复杂的。

这就得说到传说中的八珍——大概，这算是上古饮食的巅峰。

八珍之一是淳熬：大致是将腌渍过的肉酱加上动物油脂，

中国人的生活美学·饮食

覆在米饭上——用现代的逻辑想，大概是腌肉酱盖浇饭？

八珍之二是淳母：用腌肉酱搭配黍米粉做饼——似乎就是腌肉酱搭配黄米饼？

八珍之三是炮豚，八珍之四是炮羊，做法都是"炮"：取来小猪或羔羊，处理干净后把枣子塞进其腹腔，然后用芦苇编箔将其裹起来，在外面涂上一层掺草泥，放在火上烤，泥烤干后剥掉，去皮——到此为止，感觉像是现代菜"叫花鸡"的做法。

这还没完呢！再用稻米粉加水拌成粥，敷在猪、羊身上，放在小鼎中用油来煎。最后用大锅烧水，将鼎置于锅中，连续烧三天三夜。这样之后肉自然酥烂，吃时再用醋和肉酱调味。若想象其味道，大概酥烂、脆香兼而有之吧。只是的确太费工夫了。

八珍之五是捣珍：取等量的嫩牛肉、羊肉、麋肉、鹿肉、獐肉（都取里脊部分）搅拌在一起，捶打去筋，然后煮熟出锅，去掉肉膜，吃时再用醋和肉酱调味。这个做法让我想到了另两道菜：一是《射雕英雄传》里黄蓉给洪七公做的混合肉条，还起了个好听的名字，叫"玉笛谁家听落梅"；二是荷兰人在他们所谓的"黄金时代"17世纪吃的一种多味肉，也是将各色肉堆在一个罐里，加胡椒、啤酒（荷兰和比利时盛产啤酒）和盐，"咕嘟咕嘟"炖到肉烂再吃。大概都是调味料有限的时代，如此求个口感繁杂吧。

八珍之六是渍珍：取新鲜牛肉切薄，切断肉的纹理，浸泡到美酒中，过十二天即成——仿佛是酒渍牛肉片——吃时用醋、肉酱和梅酱调味。

八珍之七是熬珍：捶捣牛肉去筋膜，摊在芦箔上，先撒上桂屑、姜末，再撒盐，用火烤熟即可吃——大概类似于现代的烤牛肉糜？

八珍之八是肝膋：取狗肝，用肠脂把肝包起来，再用肉酱拌和湿润，放在火上烤，等脂肪烤焦，肝也就熟了——法国人现在吃鹅肝，则是利用鹅肝本身的脂肪来煎，但原理差不多。

细看八珍，似乎是腌渍、煎烤各色牲肉居多。大概上古时的烹饪手段与调味料都不及今日的丰富，腌渍工艺和大块牲肉的煎烤已经算是物以稀为贵。所以，上古的饮食风貌仍近于自然，颇为淳朴。

想想古希腊时期的《荷马史诗》，希腊诸位英雄祭神，也不过是杀牲切肉、浇酒串烤。

古希腊时期串烤很发达，我国自然也不落后，那便是炙了。

为《诗经》做注的毛亨曾有所谓"将毛曰炮，加火曰燔，抗火曰炙"——炮就是带毛裹泥来烧，类似于叫花鸡的做法；燔是把牲肉搁火里烤；炙是在火上烤，大概就是串烤了。

关于炙的流程，《韩非子》里有一个故事恰好说得明白。晋文公时，宰臣奉上了炙，也就是烤肉，上面却绕了头发。文公召了宰人来责问："你想让我噎着吗？"宰人很会说话，说自己有三条死罪：虽将刀磨得锋利，切肉时却没切断头发；用木签穿肉，居然没看见头发；将炭火烧得赤红，肉都烤熟了，头发却没烧掉——话说到这里，意思也就明白了：这头发是肉烤好后另有人弄上去，要陷害宰人的。于是晋文公便查案去了。

磨刀霍霍、木签串肉、炭火猛烤——这就是炙的流程吧？

前文说了，细切的肉叫作脍，所以孔子说“脍不厌细”——吃脍，肉切得越细越好。脍与炙加起来，就是所谓“脍炙人口”中的“脍炙”了。

鱼当然也可以炙。吴国著名刺客专诸就是趁呈上鱼炙时从鱼肚子里抽出暗藏的兵器刺杀了吴王僚。

《史记·刺客列传》中提到的案例里，荆轲献地图时行刺，高渐离趁奏乐时行刺，豫让躲厕所里行刺，专诸上炙鱼时行刺——这几个时机分别对应权力、音乐、如厕与饮食，大概人在面对权力、音乐、内急和美食的时候最容易放松吧？

说到那个时代的菜式花样，很值得一提的，是东周时的楚国。楚国在南方，气候温暖，地域广阔，且有云梦泽，物产极其丰富，饮食也很讲究。屈原（一说宋玉）所撰的《招魂》说：“稻粢穱麦，挐黄粱些。大苦咸酸，辛甘行些。肥牛之腱，臑若芳些。和酸若苦，陈吴羹些。胹鳖炮羔，有柘浆些。鹄酸臇凫，煎鸿鸧些。露鸡臛蠵，厉而不爽些。”

说来大概是：大米、小米、新麦掺黄粱，酸甜苦辣都用上；肥牛的蹄筋炖得烂香，摆上调和好酸味与苦味的吴国羹汤；清炖鳖与炮羊羔，蘸上甘蔗糖浆；醋熘天鹅肉、煲煮野鸭，滚油煎的大雁、小鸽；卤鸡搭配龟肉羹，味道浓烈但不伤脾胃。

这份华丽的食谱足够楚国人自豪了。

这里头很难得的食材是鳖与龟。

众所周知，有个成语叫"食指大动"，还有个词叫"染指"，典故都出自《左传·宣公四年》：郑国公子宋每逢尝异味，食指就会动。一日，楚国送给郑灵公一只鼋——也就是大鳖，无锡有个地名就叫鼋头渚。郑灵公命人将其放在鼎里烹了，公子宋食指大动。郑灵公故意不给公子宋吃，公子宋生气，用手指在鼎里蘸了羹汤，尝了尝味道。

此事后来还引了乱子，且不提。只是从这件事可见当时楚国确实产些珍奇美食，给郑国进贡一只鼋，还能闹出事来。

再说楚国的楚成王，他被自家太子商臣包围，逼令自杀。为拖延时间，楚成王请求让自己吃了熊掌再死。商臣不听，于是楚成王只好自尽。

这事在楚国是导致改朝换代的惨事，却告诉我们春秋时楚国人已经吃上了熊掌，而且王族对熊掌的烹饪工艺很清楚，知道烹熊掌需耗时很久。楚成王想以此拖延时间，商臣却不想给老爹机会。

如果楚成王只要求喝口水，估计商臣不至于不答应。

虽然上古时中原地界的食材颇为生猛，调味却比较简单。那时饲养业和种植业还不太发达，食材与做法虽已有了些法度，但总体而言颇为"狂野"。这其中也就有了一派自然的饮食审美。

苏轼后来有所谓"燎毛爓肉不暇割，饮啖直欲追羲娲"：烤了肉，等不及割就豪放地吃了起来，还自觉可上追伏羲、女娲时代的吃法。

这大概就是上古的饮食之道：技艺和食材都还挺质朴，近于自然。因为一切食材都来之不易，于是饮食之间很能体现中国古人对食材尤其是珍稀食材的爱惜。

秦汉：美食的可能性

到了秦汉之时，物质发达了些，吃东西就得考虑些更现实的问题了。

西汉的饮食与之前时代的明显对比，可见《盐铁论》。《盐铁论》中的《散不足》一章说道：

古代饮食皆应时当令，粮食、蔬菜和水果，不到成熟的时候不吃；鸟、兽、鱼、鳖，不到该杀时不吃。因此，不在池塘里撒网捕小鱼，不到田野上猎取小鸟、幼兽。

古代人吃烧烤的黄米、稗子等，招待客人才杀猪；乡里之人喝酒，老人面前摆好几碗肉，年轻人则站着吃，且多人分吃一盘酱、一碗肉，聚在一起有序地饮酒；婚礼上招待客人则用肉汤、米饭，再加些切细的肉块与熟肉。

古代百姓常吃粗粮、野菜，诸侯无故不杀牛、羊，大夫和士无故不杀猪、狗；古代没有卖熟食的，人们也不在市场买吃的，到后来才有杀猪、宰牛、卖酒的。

西汉的情况如何呢？

有钱的人张网捕捉幼鹿、小鸟，沉迷酗酒；宰羊羔，杀小猪，剥小鸡；春天的小鹅、秋季的雏鸡、冬天的葵菜和温室里培育的韭菜、香菜、姜、辛菜、紫苏、木耳，以及虫类和兽类，没有不吃的。

民间招待客人，满桌烤肉，还有鱼、鳖、鹿胎、鹌鹑、香橙，以及各色肉酱和醋。满街都是屠户，人们随意宰杀牲口聚餐，还以粮食换肉。要知道，一头猪的价钱等于一般年景一亩地的收入，十五斗粮食相当于一个男人半个月的伙食。

卖熟食的甚至形成了规模，大家都想尝鲜：烤猪肉，韭菜炒鸡蛋，细切狗肉、马肉，油炸鱼，腌羊肉，驴肉干，熟米饭，都有了！

这大概就是秦汉饮食的典型样貌吧？

当然，还得细分开来说。

民以食为天，秦汉时五谷依然至关紧要。社为土地神，加上稷（谷神）就是"社稷"。

孟子说："民为贵，社稷次之，君为轻。"后来人用江山社稷代指天下。的确，老百姓吃饱了才有天下。

但五谷不好生吃，总得弄熟了吃吧？

早期的"粮"字似乎并不泛指所有粮食，而是跟旅途有关。

《庄子·逍遥游》说："适千里者，三月聚粮。"古代人出门不便，要走千里，大概得提前三个月准备干粮。

又有所谓"糗"，指炒熟的谷物。这东西方便携带，可以现吃，且不用生火，似乎很适合拿来做军粮。

《后汉书·隗嚣传》里提过，割据一方的隗嚣"病且饿，出城餐糗糒，恚愤而死"。生病了，又吃炒粮，吃急了，不消化，身体撑不住。

当然，糗不只是平民食品。《国语·楚语》说，楚成王——就是上文提到的没吃到熊掌就自尽的那位——听说令尹斗子文穷得吃不上饭，每逢朝见就给他预备一束脯、一筐糗。干肉、炒米搭配着吃，又充饥又有味，很体贴。

我们如今最熟悉的主食自然是米饭，但那会儿米饭也得细分。

秦汉之际，上等小米煮成的饭叫粱饭，似乎相对比较高级。

《汉书·王莽传下》里，王莽听说百姓饥馑，向中黄门王业询问真相，王业要哄王莽，就去市集买了粱饭、肉羹，拿回来告诉王莽老百姓都吃这些。王莽还真信了。

的确，那时能吃上"粱肉"算是不错的了。所以，历来说霍去病纵横漠北战功赫赫，却不脱贵公子习气时，举的例子多是出征在外士兵粮食紧张时，他还有多余的"粱肉"。

那时还有所谓的"饙"，《说文解字》将其描述为"以羹浇饭也"——那就是盖浇饭了。

糜与粥都是谷物加水煮成的，秦汉时的羹则是调和的浓稠的汤，里面加什么不太固定，肉羹啦，豆羹啦，都有。

项羽的爱好和纣王的有点儿像，喜欢拿人肉瞎折腾。他曾试图威胁刘邦，说要烹杀刘邦的老爹、汉朝第一任太上皇。刘邦潇洒自若地回答："你、我曾结拜为兄弟，我爹就是你爹，你要烹杀你亲爹，也分我一杯羹！"

刘太公当然没被烹，只是"分一杯羹"这说法就此流传了下来。

谷物磨成粉后加水煮熟，就是饼。如今我们说饼，想到的多是烙饼、烧饼，溜圆、扁平。秦汉时说的饼，则是将麦捣成粉并加水团成的，形状倒不一定如今日这样。

米粉团成的则叫作饵。现在云南所谓的"饵块"大概就是从此而来的。我们习惯说"鱼饵"，就是因为最初的鱼饵也是用米粉、麦粉制成的。

这里得请出东汉光武帝刘秀给我们演示一下主食的吃法了。

《后汉书·樊晔传》说，刘秀寒微时，樊晔是管理市场的官吏，给了刘秀一笥饵吃，刘秀念念不忘。

早光武帝二百年，西汉开国时，漂母曾把自己的饭分给饥饿的韩信，韩信也是念念不忘，富贵后去报答漂母，"一饭千金"。差不多也是这感觉吧？

《后汉书》里还提到，刘秀遇大风雨，于是两位后来名垂青史的大将冯异与邓禹给刘秀抱薪烧火，让刘秀对着炉灶烤衣服，冯异还给他吃了麦饭与菟肩——菟肩是一种葵类植物，麦饭大概不如粱饭高级。条件不算好，但氛围挺感人。

光武帝也算是各色谷物都试过了。

到了东汉年间，中原与西域来往久了，中原的饼也变得多元化了：胡饼和髓饼流行起来。

据说胡饼来自西域（我国的食物中，凡名叫胡什么的，如胡豆、胡萝卜，都来自西域；凡名叫洋什么的，如洋芋、洋葱，都来自海外），应该类似于现代的馕，用面粉加水和盐做成，撒胡麻。据说还有加胡桃仁的胡饼。《太平御览》中说汉灵帝很爱吃这个。

髓饼是将动物骨髓、蜂蜜与面粉混合后烤熟制成的。只看调味料，就能感觉味道不错。

那时也有面点，如粗粔：将蜜和秫米粉混合后捏成环状，再用猪油煎熟——感觉像是现代甜甜圈的改良版。

秦汉时，郡守一级官员每年的俸禄是按粮食算的：二千石。这甚至成了专有名词，《史记·李将军列传》说，李广与部下同吃同饮，"为二千石四十余年，家无余财"。

后来到宋朝，宋真宗勉励大家读书，说："书中自有千钟粟……书中自有黄金屋……书中车马多如簇……书中自有颜如玉。"此处，千钟粟也可以当官俸讲。

有了谷物，也要吃肉。

秦汉时，吃肉的套路更加完备了。那时人们已习惯称牛、羊、猪为"三牲"。祭祀或享宴时，三牲齐全就是"太牢"，只有牛、羊叫作"少牢"。按《礼记·王制》记载："天子社稷皆太牢，诸侯社稷皆少牢。"

楚汉之际，刘邦麾下的谋士陈平年少时曾在家乡祭祀土地神，主持宰肉时分得很均匀，被乡老称许。陈平感叹说，自己将来宰割天下也会如此吗？可见当时民间祭祀也是要吃肉的。

后来陈平为了离间项羽与其谋士范增的感情，哄骗项羽派来的使者，先热烈欢迎他，说："您是范增派来的使者吧？请享用太牢！"一转脸又说，"哦，你不是范增派来的使者？赶紧把太牢撤了！"使者没吃好，怒从心头起，恶向胆边生，气鼓鼓地回去跟项羽告状。项羽自然怀疑了：刘邦对我和范增的态度差异这么大，吃的都不是一个待遇，是不是有啥猫腻？终于，项羽气走了范增，失去了心腹谋士。

一顿太牢、一个使者有没有吃到好肉，就这样左右了天下大势。

虽然太牢里包含牛，但古代人其实不经常吃牛肉，毕竟牛可以用来耕作。《礼记·王制》规定："诸侯无故不杀牛，大夫无故不杀羊，士无故不杀犬豕，庶人无故不食珍。"

于是，除了祭祀，当时能吃牛肉的情况似乎多跟犒劳军队有关，还多是犒劳边境将士。

比如，春秋时郑国商人弦高曾用十二头牛犒劳秦国军队。

战国时赵将李牧善待边境士兵，杀牛让他们吃肉。

西汉时云中太守魏尚为了团结手下打击匈奴，很有规律地"五日一椎牛"。

既然牛不能随便吃，那就吃羊吧。

《史记》和《汉书》里都提到，刘邦的好哥们儿卢绾跟他同一天出生，而刘、卢两家老爹的关系本来就好，于是邻里带了羊和酒来为两家庆贺。

后来刘邦与卢绾的关系也好，邻里觉得两家代代相亲真好，又带了羊和酒来贺。那会儿他们自然不知道，卢绾将来要随刘邦起事，封燕王，之后还会远避塞外，吃塞外的羊肉，还比刘邦晚一年过世呢。

羊肉里，又属羔羊的地位高些。《诗经》说："朋酒斯飨，日杀羔羊。"

再便是猪肉了。

秦汉之时，应该已经可以人工繁殖猪了。所以孟子劝说魏惠王时，有"鸡豚狗彘之畜，无失其时，七十者可以食肉矣"一说。这里的"彘"就是猪，"豚"是小猪。

与彘相关的最有名的场合，大概是著名的鸿门宴。刘邦在项羽设的宴席上身陷危局，麾下大将兼连襟樊哙一头撞了进去。项羽英雄惜英雄，令樊哙喝酒、吃"生彘肩"，也就是大块猪腿肉。樊哙将猪腿搁在盾上切了吃，项羽赞叹"壮哉"。真是威风。

可是樊哙的大姨子——也就是刘邦的皇后吕雉——后来又把"彘"这个字给折腾坏了。她跟纣王、项羽相似，很会拿人类开刀：断了情敌戚夫人的手足，将其弄到聋、哑，丢进茅房，并称之为"人彘"。着实残忍。

说回樊哙，随刘邦起事前他是个"狗屠"。上文孟子提到肉时说了"鸡豚狗彘"，秦汉时它们都算肉类的来源。狗在古代蛋白质稀缺时也是可以吃的，而且"狗屠"这行当里似乎有颇多人才：战国名刺客聂政是屠狗的，另一位名刺客荆轲的好哥们儿音乐家高渐离也是屠狗的。

"仗义每多屠狗辈"这句话真不是瞎说的。

当时狗和猪作为肉食来源，地位似乎差不多。早先越王勾践卧薪尝胆，立志灭吴国，所以希望越国人口变多（毕竟在古代人口就是国力），于是规定：生男孩，奖励两壶酒、一条狗；生女子，奖励两壶酒、一只小猪。

除了动物，人还吃植物。

东汉已经有了胡饼，随后外来植物也落地开花，于是又有了胡葱和胡豆。植物入馔后也变得多样化了。

上古蔬菜似乎以野生的居多；秦汉时，蔬菜的培植已经发展起来。葵、韭、葱、藿、薤、蓼、苏、姜、蒜、荠、芥、芜菁、茱萸，都挺常见。南方的笋、藕、苋、桂等也上了桌面。

做法与调味也变得多样化了。

《吕氏春秋·本味》提了个原则："调和之事，必以甘、酸、苦、辛、咸……故久而不弊，熟而不烂，甘而不哝，酸而不酷，咸而不减，辛而不烈，淡而不薄，肥而不腻。"调味离不开酸、甜、苦、辣、咸，求个平衡、中正；要熟，但不能烂；酸、甜、咸、辣都不能过重。

所以，古人的美味还是要"和"的。善于调和味道的人，就是难得的好厨师。

咸是诸味之本，不消多提。

当时我国还没有辣椒，所以辛辣味道多来自葱、姜、蒜与花椒。妙在花椒还能制椒酒。过年时，人们会向长辈献椒酒，以祝长寿。

当时的甜味多来自蜂蜜和饴，后者就是麦芽糖。东汉明帝驾崩，马皇后成了马太后，对大臣说自己以后要含饴弄孙——含着麦芽糖逗逗孙子。

当时的烹饪手段大体还是煎、熬、烹、煮、蒸。腌制技法则变丰富了。颇值得一提的是"鲊"这个技法，即用盐与米来腌制鱼。日语将鲊读作"sushi"，也就是今日所谓的寿司。

比起周朝动不动就用肉酱腌制，汉朝有所进步：《四民月令》里提到的清酱应该有别于肉酱，是用豆制品制酱。

秦汉时，食具也挺完备了。

比如鼎。说富贵人家排场大，击钟列鼎而食，就有成语"钟鸣鼎食"。鼎格局颇大，往往是一鼎烹就，大家一起吃。所以《史记》说项羽力气大，说的就是他扛得起鼎。用鼎煮食，大概类似于现代的超大型火锅？

镬也可用来煮肉。所以蔺相如曾跟秦昭王请罪，说"臣请就汤镬"——我有罪，用镬把我煮了吧！

鬲用来煮粥，釜则好像啥都能煮。所以项羽要渡河与秦军作战时，让手下持三日粮，破釜沉舟："不吃饭了！不留后路了！"

曹植曾作七步诗说"豆在釜中泣"，可见釜也能煮豆。

盛食物的器皿则有簋、豆、盘、碗、篮、箪等。

盛酒的器皿有樽、壶、爵、觥之类。后世诗人写酒，很爱用古酒器名，这样听上去比较风流。比如苏轼的《前赤壁赋》中就有"举匏樽以相属"。当然，还有成语"觥筹交错"。

秦汉时，进食次数一度讲起规矩：天子一日四餐，诸侯三餐，普通人两餐。但具体情况又不一定如此，毕竟若天子、诸侯想多吃，也没人管得住。

大家吃饭时多是席地而坐。等鼎、镬中的肉熟了，就用刀割取，以匕来盛——所以刀、匕是古代的重要餐具——然后将食器放在托盘上，端上席让大家吃。那时的托盘就是案。（题外话：中世纪时，法国有些地方曾用大块面包做食案，上面放着菜就上桌了。所以，吃着吃着，作为食案的面包就被吃没了……）

东汉名士梁鸿的妻子孟光尊重他，递案时会将案举起，于是就有了成语"举案齐眉"。

秦汉时，从食量可以看出一个人的状态。廉颇晚年时，赵国使者去见他，观察他的身体状况。为了显示"老夫身体还行"，廉颇一顿饭吃了一斗米、十斤肉。

一顿能吃一斗米，确实厉害。

大概秦汉时饮食已经有了一定规范，食材多样，食具完备，不仅有了调和味道的概念，也有了"举案齐眉"这样的做派。人民还是相当质朴的，而且对饮食有一种自上而下的热爱。

樊哙和廉颇能吃能喝，就显得精神健旺！

总之，秦汉时的吃法似乎比周朝那种出于自然、近乎理想化的更有人间烟火气。

三国到南北朝：食材与技艺

秦汉以降，就是三国两晋了。

上文说到廉颇一顿饭能吃一斗米，樊哙能当着项羽的面吃"生彘肩"，这都是胃口好的。

三国时，诸葛亮最后一次北伐，在五丈原与司马懿对峙。司马懿闭门不出，被诸葛亮送了女衣也忍辱不动，却问使者诸葛亮食量如何。使者答说诸葛亮一天吃数升。

《晋书》中的描述更细，说诸葛亮一天吃三四升，而且事必躬亲，什么都管。司马懿听后很高兴，觉得诸葛亮吃得少，管的事情多，肯定活不长！

一天吃三四升，确实很少。廉颇一顿吃一斗米，够诸葛亮吃三天。

还是三国时，邓艾建议在淮南屯田时说三千万斛粮可够十万士兵吃五年。按此计算，则一个士兵一年约吃六十斛粮。

大概当时一斛等于十斗，一斗等于十升。一个士兵一年吃六千升，一天合十六升。当时魏国给老人发口粮，"给廪日五升。五升不足食……"所以，诸葛亮一天吃三四升，确实很少。

魏晋时有汤饼，即把饼放在汤里煮，类似于今日的面片汤。成语"傅粉何郎"讲的就是与汤饼相关的故事：魏晋大名士何晏面色雪白，魏明帝很好奇，怀疑他敷了粉，于是大热天请他吃热汤饼，然后盯着何晏看，看他出汗后粉会不会掉下来。汤饼后来发展成了索饼，也就是面条。

当时还有蒸饼。晋朝还有一位姓何的名人，叫作何曾。他家里的厨子极好，好到他都不肯吃别家的东西。何曾挑剔得很，吃蒸饼"不坼作十字不食"——蒸饼要发得好，裂出"十"字纹，他才肯吃。当时的蒸饼大概类似于现在的白馒头。

晋室南渡之后，江南农业大为发达。于是魏晋南北朝时吃稻米的人变多，稻米的产量也变得稳定，甚至可以拿来支付官员的俸禄。

陶渊明当彭泽县县令时，每月发米十五斛，相当于一日发五斗米。陶渊明后来决定归隐，才有所谓的"不为五斗米折腰"。

发了米，当然得煮饭。美食文化发展了，吃米饭就有了不同口味。

《世说新语》里有这样一个故事：吴郡人陈遗是个孝子，在外做官。他母亲爱吃锅巴，陈遗便总备着一个口袋，每逢煮饭便存下锅巴，回家时带给母亲吃。后来逢贼乱，陈遗未及回家便从军作战。后军队溃散，纷纷逃入山林，大家都没吃的，只有陈遗靠那袋锅巴活了下来。

算是孝子有好报吧。反过来想：当时吃米饭的口味已经比较多样，都有爱好锅巴的人了。

吴郡还有个因"除三害"闻名的周处。他写过一本《风土记》，其中记载："仲夏端五，方伯协极。享用角黍，龟鳞顺德。"端五就是端午，角黍就类似于现在的粽子。

南北朝时，包着吃的不只是粽子，大概那时已有饺子和馄饨。根据北齐《颜氏家训》的记载"今之馄饨，形如偃月，天下通食也"，那时天下人应该都能吃到馄饨了。

可见谷物产量大了，食品的品种也丰富了！

《三国演义》里记载了一个传说：诸葛亮七擒孟获，平了南蛮后班师回朝，在泸水受风浪所阻，无法渡河。孟获说这是战死冤魂所为，须拿四十九颗人头来祭（有点儿土匪路霸的意思）才可平息风浪。

丞相上知天文，下明地理，发明个木牛流马、十矢连弩都是翻手之间的事，何况区区妖鬼？诸葛亮随便拿点儿面团，在里面包点儿牛、羊、猪肉，再写篇祭文，就把鬼们哄走了。

这裹了肉馅的面团从此就叫"馒头"了。按现在的标准，这玩意儿该叫包子吧？

倒是何曾爱吃的那个裂出"十"字纹的蒸饼，才像现在的白馒头呢。

肉食与鱼类，那是永远受欢迎的，尤其是鱼脍。

东汉末年的陈登——曹操和刘备都欣赏的湖海之士——就是因为太爱吃鱼脍，得了寄生虫病。

《世说新语》里说，西晋文人张翰见秋风起，想念吴中家乡的鲈鱼脍和莼菜羹，感叹人生应该适意，怎能千里求名爵，于是辞职回家。

后来都说"莼鲈之思"，即指思乡。鲈鱼脍因此名垂千古，意思与味道一样深远。

按《太平广记》的说法，制鲈鱼脍得在农历八九月下霜时节——据说这样鱼才不腥——收三尺以下鲈鱼，做成干脍。所谓"金齑玉脍"，东南佳味。

说到东南佳味，当时江南人是真懂吃。

一次，孙权的儿子孙亮想吃蜜渍梅，发现蜜中有老鼠屎，于是靠他的聪明破案，发现这中间有一桩阴谋——后面不展开了，只是蜜渍梅这个细节很有趣，大概三国时大家也

Life Aesthetics of Chinese   Diet

制鲈鱼脍得在农历八九月下霜时节——据说这样鱼才不腥。

收三尺以下鲈鱼，做成干脍。

所谓「金齑玉脍」，东南佳味。

133

中国人的生活美学·饮食

挺欣赏这份酸甜可口吧。

东吴后来有个皇帝叫孙皓，喜欢大肆喝酒（他祖宗孙权也喜欢这么玩），但偶尔也有细腻处。比如韦曜不胜酒力，孙皓会让他以茶代酒。看来三国两晋时，茶饮也流行了。这个容后再说。

曹操麾下那聪明的杨修跟曹操玩过一个有关食物的小把戏。曹操在北方送来的酥盒上写了"一合酥"。杨修带人吃了曹操的酥，还跟曹操玩小聪明，说"一合酥"可拆字解读为"一人一口酥"。很妙！

这个故事只可能发生在曹操那边，孙权这边怕是轮不到了。酥是塞北酥酪，应该只有统一北方的曹操才吃得到吧？

曹丕似乎对北方饮食很有自豪感。他在《与朝臣论粳稻书》里说，长江以南只有长沙有好米，哪里比得上新城粳稻？"上风吹之，五里闻香！"

他又在《与朝臣诏》里说，南方的龙眼、荔枝哪里比得上西国的葡萄、石蜜？更大夸葡萄好吃：大概夏秋之间，尚有余热时，宿醉醒来吃葡萄，不酸不寒，滋味悠长，汁水又多，可除烦解倦；用来酿酒，甘甜可口。说着都要流口水了，何况真吃呢。接着又说南方的橘子酸得倒牙，不行啊！

这些细节虽是贵公子曹丕的夸饰描述，但也可看出些意思：

当时的稻米产地已有明显优、劣，葡萄与葡萄酒的美味已是上流社会的共识，各色佳果已都能吃到了。

孙权为攻打曹操，来围合肥。曹操麾下大将张辽决定突袭孙权，给他个下马威。如何鼓舞士气呢？自然还是与李牧、魏尚似的"椎牛飨士"。八百将士吃了牛肉，杀气腾腾，与张辽一起出城打孙权去了。

西晋时，王恺和石崇斗富，互相吹牛，王恺说自家用饴糖擦镬。王恺这么个败家子德行，自然有人整治他。他有头牛，走得很快，叫"八百里驳"。王济便与王恺比射，赢下了这头牛：你王恺在意这牛对吧？来人，快把牛心掏出来做成牛心炙来吃！说白了，"牛心炙"就是牛心烤串。

后来辛弃疾在《破阵子》中写"八百里分麾下炙"，典故就出自这里。

上面那些都还是贵人的吃法，民间饮食则另有大发展。

话说，魏晋南北朝时，读书人已开始写食经，且写出了不同风格。儒家写吃讲究维持生计，道家写吃则求养生——前者现实，后者飘忽，甚至还带点儿求避世成仙的意境。

当时的大聪明人崔浩写了《崔氏食经》，其中有若干条目后来被《齐民要术》引用，有些细节很见当时的风貌。

比如崔浩写过一个"跳丸炙"：用十斤羊肉、十斤猪肉做成肉丸，别用五斤羊肉做成臛，下丸炙煮。

这一定是全家吃的，可显出两晋南北朝时大家族做饭规格很大。

《齐民要术》写饮食另有一个时代特色：介绍各种食材的处理与制作方法时，强调所谓"无所外求"——大概有点儿"学会了这个，您就能在家自己制作啦"的意思。

因为两晋南北朝时世道纷乱，各地多建立坞堡以自卫，割据政权此起彼伏，物资流通并不算稳定，所以讲究自产自吃也不奇怪：不求人嘛！

按《齐民要术》，则南北朝期间，大小麦、水稻、旱稻都成了常规谷物，瓜果、芋头、茄子都已广泛种植，葵、蔓菁、葱、蒜、韭、蓼等蔬菜仍很流行，桃、李、梅、杏、梨、柿、石榴、木瓜等水果已在南方普及。

当时吃蔬菜甚至还细分起时令来。比如，南齐时文惠太子问周颙："菜食何味最胜？"答："春初早韭，秋末晚菘。"初春的韭菜即老苏州人所谓"头刀韭菜"，秋末的晚菘就是大白菜。

《四时宝镜》说，东晋李鄂立春时节吃芦菔和芹芽做的菜盘，是为"春盘"。

动物养殖方面，牛、马、驴、骡已成家用牲畜，羊、猪、鸡、鹅、鸭等更多作为肉食来源。当时甚至已出现"填嗉"喂养法，就是填喂法：让鸡、鸭狂吃粳米粥糜，将其填肥。还有一条龙服务：烤鸭子（腩炙）。

此时民间也能酿酒了；酱细分为肉酱、鱼酱、麦酱、虾酱等，酿醋分为秫米、粟米、大麦、酒糟等套路。当然，还要做豆豉、咸菜、脯腊。

菜食何味最胜？春初早韭，秋末晚菘。

Life Aesthetics of Chinese Diet

烤肉则细分到腿肉、腩肉、牛羊猪肝、灌肠等。烤小乳猪则已经能达到"色同琥珀，又类真金，入口则消，状若凌雪，含浆膏润，特异凡常也"的水平。

腌渍工艺则已发展到民间也能做鱼鲊的水平。据说鱼鲊适合在春、秋制作，大概冬、夏天气过于极端。至于做法，无非用糁、茱萸、橘皮、酒等来腌渍鱼肉吧？

这里值得一提的是，显然当时糁已经有盈余，可以支撑得起制作鱼鲊了。类似于逢粮食丰足的年代，民间便能大胆酿酒。饮食文化的发展都是靠物质丰足支撑的。

民间做脯、腊，在技术方面也有了心得。南北朝时有五味脯：将牛、羊、獐鹿、野猪、家猪肉切成条片煮熟，用香美豉、细切葱白、椒、姜、橘皮等浸泡再阴干。

这让人联想起古代八珍里的捣珍，也是多种肉在一起烹出来的，真有点儿"旧时王谢堂前燕，飞入寻常百姓家"的意思。

南北朝时期，酿酒、制醋、腌渍工艺都有所发展，大概能从侧面展示出当时的农产品更丰富了，有更多的盐、酒和

著名的兰亭会上，大才子们曲水流觞，很风雅。

Life Aesthetics of Chinese　Diet

香料可以拿来加工食物。

酒当时已经成为日常饮品。按《颜氏家训》的说法，梁元帝十二岁时就"银瓯贮山阴甜酒，时复进之"。十二岁的孩子就喝酒？不过，因为当时还没有现代蒸馏工艺，酒的度数比较低，大概跟现在喝的醪糟似的，当饮料罢了。

魏晋时的酒值得多提几句。

说到酒，曹丕喜欢葡萄酒的甘甜，大概遗传自他爹曹操：曹操也喜欢甜口。曹操的故乡沛国谯（现亳州市）有"九酝春酒"，于是曹操跟汉献帝上表"九酝酒法"：用酒曲三十斤、流水五石，趁腊月二日渍曲，正月冻解，用好稻米，漉去曲滓来发酵。每三天将一斛米投入曲液中，用够九斛米为止。如果觉得用三十斤酒曲对付九斛米出来的酒太苦，就再加一次米，这样出来的酒味不苦，甘甜些。

自曹操以下，魏晋风流人物大多好喝酒。

曹操自己是"何以解忧，唯有杜康"。曹操的儿子曹植则写《酒赋》歌颂秦穆公畅饮兴霸业、刘邦醉酒斩白蛇；说王孙公子喝了酒仗义行侠，击剑高唱；临了说酒本身没错，只是别沉湎其中罢了。

到后来，竹林七贤都爱喝酒。刘伶最夸张，乘鹿车出行都带着酒，让人扛锹跟随，嘱他"死便埋我"。

东晋到南北朝，喝酒还是一种风雅的仪式。著名的兰亭会上，大才子们曲水流觞，很风雅；陶渊明不肯为五斗米折腰，归隐后写《饮酒二十首》，大谈"寒暑有代谢，人道每如兹""泛此忘忧物，远我遗世情"。

大概痛饮美酒这件事自魏晋之后就带上了名士们求自我完整、看自然流转、避繁乱俗世的放逸之意，成了一种行为艺术。

当然，如上所述，魏晋南北朝方当乱世，各方割据，时候长了，地方饮食风貌也被切割开来。

比如南齐的王肃去北魏，一度常吃鲫鱼羹、喝茶，维持自己南方人的饮食习惯；几年后，参加北魏孝文帝的宴会时，他却大吃羊肉、酪粥，以至孝文帝好奇起来，问王肃：羊肉与鱼羹何如？茗饮与酪浆何如？

大概北方人吃羊肉、酪浆，南方人吃鱼羹、茗饮，是当时约定俗成的吧。

乱世纷扰，所以自种自制，自产自吃。

喝喝酒放诞、潇洒，采菊东篱下，悠然见南山。

魏晋南北朝的酒食习惯也很显出当时人们的精神面貌吧。

隋唐：兼容并包

隋统一天下后，南北合一，然后就是繁荣昌盛的大唐了。入了隋唐，许多塞外与西域的饮食习惯便被引入中原了。

先前西晋时已经流行过外来的羌煮与貊炙——前者是水煮鹿头，后者是烤全羊——到唐时，中原与西域来往密切，胡食更流行了。

李白的诗里很热闹："烹牛宰羊且为乐，会须一饮三百杯。"但这未必是真的，因为到唐朝牛还是不能随便宰的。

唐朝开国不久后有个故事：天下初定，唐太宗规定朝廷官员到地方不能吃肉，免得打扰下面。名臣马周去地方时吃了鸡肉，被举报了。唐太宗为了护马周，当即表示：我禁御史食肉是恐州县花费大，吃鸡怎么啦？行，鸡都不算肉

中国人的生活美学·饮食

了，这事就算过去了。

后来有段时间，武则天规定，不只是牛，别的动物也不能宰。

宰相娄师德下去巡查，宴席间有人端上来一盆羊肉。下面的官吏解释说："羊不是我们杀的，是被狼咬死的。"既没杀羊，便不算犯禁。接着又端上来一盆鱼，下面解释："这鱼也是被狼咬死的。"

娄师德是个修养极高的人，"唾面自干"这成语就是打他身上来的。他曾向朝廷推荐狄仁杰，却毫不居功。这本来是个很沉得住气的人，但看下面这么忽悠他，也忍不住了："真是骗人都不会骗，你好歹说这鱼是被水獭咬死的呀！"

后来左拾遗张德得了个男孩，欢天喜地，私宰了一头羊宴请宾客。宾客中有个小人叫杜肃，吃了羊肉后过河拆桥，偷偷将张德告了。

次日，武则天向张德道贺："生儿子啦，好哇！羊肉从哪儿来的呢？"张德吓得魂不附体，但武则天接着道，"我禁止私宰，是好是坏难说；但你请客人可得看准了。"随即当场抖出杜肃的状文来，这事就算过去了。

这事细想大快人心，大概杜肃的小人嘴脸从此就暴露了。武则天自知禁屠不太得人心，所以也没当回事。

如此看来，当时的禁屠和唐太宗的禁食肉一样，没禁死，只是意思意思。

这两件事一合，还能得出一个结论：唐朝人还是爱吃羊肉啊。

当时唐朝人吃羊，生、熟都有。生吃则吃羊肉脍，将肉切薄用胡椒调味；反正西域与大唐来往密切，不缺胡椒。复杂的吃法，就是所谓的"浑羊殁忽"。按《太平广记》的说法，将鹅洗净去内脏，把用五味调和的肉丁糯米饭装入鹅腔，再处理好一只羊，将鹅装进羊腹后烤全羊；羊肉熟了，开了肚子取出鹅来，只吃其中的鹅。

这吃法复杂又奢华，若非富贵人家，想都不敢想。因为按唐朝《卢氏杂说》的记载，别说羊了，连仔鹅都值二三千钱呢。

多年后元朝忽思慧在《饮膳正要》里说，将鸭子处理干净后放在羊肚里烤，是为烧鸭子。我觉得此做法的源头就在这个"浑羊殁忽"里。

周星驰的电影《食神》开头有个乾坤烧鹅，是将禾花雀塞进烧鹅肚里烤熟。也是这种做法，算是艺术来源于生活？

除了羊肉，唐朝还有别的美食。

诗僧寒山写好吃的，曰："蒸豚搵蒜酱，炙鸭点椒盐。去骨鲜鱼脍，兼皮熟肉脸。"

蘸蒜泥的熟猪肉、蘸椒盐的烤鸭、新鲜去骨的生鱼脍、带皮的羊脸肉，这几样搁今时今日听着都好吃，唐朝人已经吃上了。

羊当然不一定得空口吃。按李德裕所著《次柳氏旧闻》的说法，一天唐玄宗吃烤羊腿，让太子李亨负责割肉。李亨一边割，一边用饼擦刀上的羊油。玄宗看着有些不快，大概在想：怎么拿饼当抹布？浪费！回头看到太子把沾了羊油的饼慢慢吃了，玄宗很高兴，夸太子："就该这么爱惜！"

唐玄宗与饼的故事非此一则。安史之乱时，玄宗西出长安，一时没吃的，杨国忠跑去市集买到胡饼，回来给玄宗吃。

这个细节说明胡饼当时真是遍地开花，唐玄宗也的确吃得惯。

《旧唐书》与《新唐书》都说："贵人御馔，尽供胡食。"隋唐贵族对此很有心得，而唐朝的吃法也确实国际化。

当时另一种流行的饼乃毕罗。

后来清朝姚元之所著《竹叶亭杂记》认为，毕罗就是后世的饽饽。明朝杨慎在《升庵外集》中也认同这一点。

饽饽是黏米所制，大概毕罗也是如此。但唐朝的毕罗是有馅儿的，奢华的有蟹毕罗。甚至传说晚唐将军韩约还会做樱桃毕罗和醴鱼臆（甜鱼胸），那是真会享福，而且口味似乎很甜。

除了仍流行的汤饼、索饼，唐朝人吃面还有其他花样。

《唐六典》曰："太官令夏供槐叶冷淘。凡朝会燕飨，九品以上并供其膳食。"夏天供应槐叶汁和粉制作的冷面。

杜甫曾写诗赞美："青青高槐叶，采掇付中厨。新面来近市，汁滓宛相俱。入鼎资过熟，加餐愁欲无。碧鲜俱照箸，香饭兼苞芦。经齿冷于雪，劝人投此珠。"

大夏天吃碧鲜凉面，经了牙齿，比雪还冰，吃着烦恼一扫而光，的确美好啊。

说到杜甫，他老人家的诗被称为"诗史"，所以其笔下写吃之作，当可作开元天宝之际的饮食教科书。

在《赠卫八处士》里，杜甫写道："问答未及已，儿女罗酒浆。夜雨剪春韭，新炊间黄粱。"

布好酒浆，吃黄粱米饭；趁着夜雨，剪了韭菜来吃。春天的韭菜吃起来嫩而无怪味，挺好的，也很合之前周颙"春初早韭"的口味。妙在这里是夜雨剪春韭，大概当时韭菜种植还挺普遍，冒雨去剪，吃现成的。

看到杜甫所谓的黄粱，不禁想到著名的"黄粱一梦"典故也出自唐朝。主角卢生是在客店里一梦黄粱的，大概唐朝旅途中的饮食也比先前的发达，客店里已有黄粱米饭了！

如果你还记得之前两汉之际吃个粱肉就算富贵子弟，大概可见出物质条件确实在进步。

杜甫也不尽是那么朴素的。《丽人行》里有所谓"紫驼之峰出翠釜，水精之盘行素鳞"，色彩艳丽无比。当时唐朝与西域来往密切，吃驼肉大概也不算奇怪。

杜甫好像很爱吃鱼，有"白鱼如切玉，朱橘不论钱"，又有"呼儿问煮鱼"。他看见人家切鱼脍，特别来劲儿："饔子左右挥双刀，脍飞金盘白雪高。"

莼菜切丝，鲈鱼切片，声音响动，刀刃如飞，煞是热闹。这一顿莼丝鱼脍，显然是张翰爱吃的莼鲈了。

杜甫另一次吃鱼脍时写道："无声细下飞碎雪，有骨已剁觜春葱。偏劝腹腴愧年少，软炊香饭缘老翁。落砧何曾白纸湿，放箸未觉金盘空。"

去了鱼骨，切成鱼脍，配上青葱，加上香粳米饭，美得很。

同样是吃鱼脍，李白也写得很热闹。人家请他吃汶鱼，他就写"呼儿拂几霜刃挥，红肌花落白雪霏"。因为汶鱼算赤鳞鱼，所以色彩红白相间，很是华丽。

151

一騎紅塵妃子笑，無人知是荔枝來。

Life Aesthetics of Chinese Diet

杜甫喜欢李白，李白喜欢什么，杜甫往往会有类似兴趣。李白住在五松山下荀媪家，写诗："跪进雕胡饭，月光明素盘。"杜甫也写："滑忆雕胡饭，香闻锦带羹。"——雕胡饭就是菰米饭，也就是南方鸡头米。

这里又得说一嘴唐玄宗了。

后世有个传奇艳闻，说唐玄宗跟杨贵妃调情，说她刚出浴的胸部是"软温新剥鸡头肉"。安禄山凑趣，立刻连一句"滑腻初凝塞上酥"。

这事情未必是真的，但唐玄宗一个陕西人说出江南鸡头米，安禄山一个北方粟特人说出酥酪，一个场合里同时提到江南、塞北，也可见当时唐朝地域之广阔、物产之丰饶。

当然，说到杨贵妃，我们都知道她人在长安，却吃得到南方的荔枝："一骑红尘妃子笑，无人知是荔枝来。"

类似的南北物产合一细节，白居易的一句诗道得好："稻饭红似花，调沃新酪浆。"

红米稻饭产于南方，酪浆来自塞外。先是开辟京杭大运河，又大唐一统天下，更与西域交往频繁，大概类似南、北、东、西的食俗也可以一桌见了。

先前南北朝时孝文帝问王肃那句"羊肉与鱼羹何如？茗饮与酪浆何如？"还算南北饮食有别，在唐朝却无此麻烦了：酪饮、稻饭、鸡头米、酥酪、荔枝都可以出现在一个场面里。

当然，那会儿也有些奇怪的做法。后来宋朝的沈括在《梦溪笔谈》中说，"大业中，吴郡贡蜜蟹二千头……大抵南人嗜咸，北人嗜甘，鱼蟹加糖蜜，盖便于北俗也"。

大概隋朝已经有南咸北甜的说法？可是这个鱼蟹用糖蜜，想起来还是风味妖艳。

白居易在诗中提到了稻饭，话说，唐朝还有琳琅满目的各色米饭。

上文说过杜甫热爱"槐叶冷淘"，其实类似用树汁调味的主食，他还爱青精饭，那是乌饭树叶汁做的饭。杜甫有所谓"岂无青精饭，使我颜色好"。

唐敬宗爱吃一种清风饭。夏日盛一碗水晶饭（大概是晶莹剔透的米饭），撒了冰片和乳制品，放进冰窖里冰透来吃。起名清风饭，大概是夏日吃这个比较凉快。

上面这些听着似乎都很清淡，当然也有油水足的。

段公路在《北户录》中说过一种团油饭。说在南方富家，当产妇产后三日、满月，以及孩子周岁时会吃团油饭：将煎虾、烤鱼、鸡、鹅、煮猪羊、鸡子羹、灌肠、蒸肠菜、粉糍、蕉子、姜、桂、盐豉之类埋在饭里面吃。

我觉这规格像是一份丰盛的杂拌饭，大概可以看作广式炒饭的前身。

世传李白醉写吓蛮书，要高力士给他脱靴，正史无载。但唐玄宗前后给他调羹倒是真的。《新唐书》谓："帝赐食，亲为调羹。"调和羹汤是我国食客的传统技能。

唐宋之间，宫廷与民间都饮屠苏酒。不用问，又是益气温阳、祛风散寒、避邪除祟的好东西。世传是华佗所创，孙思邈热情推荐，最后宫廷里也觉得好，一起喝上了。

妙在屠苏酒喝起来颇为别致：少年者先饮，因为过了一年，年轻者"得岁"；年老者后饮，因为又老一年，老人家"失岁"。又是仪式感。

汉魏六朝间，过年该吃五辛盘。五辛者，大蒜、小蒜、韭菜、芸薹、胡荽是也。大概这些辛辣的风味，与屠苏酒有类似的作用。

唐人流行吃馄饨，而且馄饨还做出了品牌。

段成式在《酉阳杂俎》中记："今衣冠家名食，有萧家馄饨，漉去肥汤，可以瀹茗。"

这里体现了两个细节：其一，当时的馄饨汤也说肥汤，应该是油润润的；其二，段先生夸奖汤好，滤去肥油后还能拿来泡茶——是，唐朝开始流行喝茶了。

段成式有一句话极能体现唐朝饮食的兼容并包："无物不堪吃，唯在火候！"只要火候对，什么都能吃！

魏晋时，喝酒自带名士风范。到唐朝，李白那些饮酒名诗更将饮酒的逸兴遄飞之美推到极限，杜甫则补上了《饮中八仙歌》："天子呼来不上船，自称臣是酒中仙。"饮酒除了避世，也多出了豪迈之态。

而自饮料中寻找超世之乐，不只靠酒了，茶也有了类似意味。

唐时张载有诗句"芳茶冠六清"。"六清"就是上古那些饮料。《广雅》则说喝茶"其饮醒酒，令人不眠"。所以先前三国时，孙皓还许臣子以茶代酒。

唐朝人喝茶，还不同些。

众所周知，茶圣陆羽著有《茶经》，其中将如何制茶说得明白：二月、三月、四月间，采到鲜茶，蒸之，捣之，拍之，焙之，穿之，封之——行了，就成茶饼了。

待要喝时，将茶饼在文火上烤香，碾茶成末，滤去碎片，煮水，调盐，投茶，三沸时加水止沸。煮罢，分茶，趁着"珍鲜馥烈"时喝。茶叶碾粉，煮热加调料，一起下肚。

与现在人们日常喝的泡茶不同，但唐朝人喜欢。

唐德宗煮茶时喜欢加酥、椒，"旋沫翻成碧玉池，添酥散作琉璃眼"。好吃就是了。

当然，后世闲适的饮茶之风在唐朝也有了萌芽。白居易作《食后》曰："食罢一觉睡，起来两瓯茶。举头看日影，已复西南斜。乐人惜日促，忧人厌年赊。无忧无乐者，长短任生涯。"

这份闲适与陶渊明的《饮酒诗》有共通之处。大概到唐朝，之前沉醉酒乡的才子们也开始从茶饮中找闲适了——当然，还没明朝那般争奇斗艳。

卢仝有诗《走笔谢孟谏议寄新茶》，其中写道："碧云引风吹不断，白花浮光凝碗面。"

这是说唐朝茶末煮出了绿色，茶碗面上凝了汤花。

此后的一段极有名："一碗喉吻润，两碗破孤闷。三碗搜枯肠，唯有文字五千卷。四碗发轻汗，平生不平事，尽向毛孔散。五碗肌骨清，六碗通仙灵。七碗吃不得也，唯觉两腋习习清风生。蓬莱山，在何处？玉川子，乘此清风欲归去。"喝茶，都喝出飘飘然神仙之概了。

唐朝饮食文化大概有两个妙处。

之前南北朝时，乱世割据，大家得习惯自制自食；隋唐之后，南北合一，天下大同，又多与西域往来，饮食文化也国际化了，多了兼容并包的异域新奇之美。

无论是唐玄宗的胡饼、羊腿，还是杨贵妃的长安荔枝，甚或白居易的稻饭、酪浆，都带出一种昌盛、融合的喜悦。

这方面的典范是唐代韦巨源的"烧尾宴"菜单。话说，唐朝一度流行过"烧尾宴"，新官上任或官员升迁时拿来祝贺。至今最有名的，便是韦巨源的烧尾宴留下的部分菜单，据说菜品多达五十八种。

其中，面点有巨胜奴（蜜馓子）、婆罗门轻高面（蒸面）、甜雪（蜜饯面）、曼陀样夹饼（炉烤饼）等，菜肴则有光明虾炙、羊皮花丝、雪婴儿、小天酥等。大概虾、蟹、蛙、鳖、鸡、鸭、鱼、鹅、猪、牛、羊、兔、熊、鹿、狸都有了。

菜名中的"曼陀样""婆罗门"字样显出域外风情，"雪婴儿"是用青蛙蘸豆粉煎成的，真会起名字。至于其他羊油牛肠之类的花样，也显出西域饮食的影响。

另一种妙处在于文化交融后，诗歌逸气，带出了一套自然清爽的审美：杜甫喜爱槐叶冷淘，卢仝喝茶要通仙，都在暗示天才文人们在饮食中发现了绿意盎然、富有自然趣味的另一番天地。而且，还没有像后来高濂那样，养生已到挑剔的地步。

当然，物质极大地丰富后，吃得太好了，难免要搞得奢华一点儿——还不是韦巨源烧尾宴那番奢华。

武则天的男宠张易之，连同他兄弟张昌宗，都有些奇怪的爱好。他们大概知道自己出身不够正，早晚必要完蛋，所以都过得"今朝有酒今朝醉"。当然，关于他们的传说也确实多。

《朝野佥载》说，张易之发明过一种奇怪的吃法：在铁笼内放置鹅、鸭，铁笼周围烧上火炭；铁笼内放一个铜盆，盛着五香调料汁，鹅、鸭受不了炭火煎熬，渴了就喝滚烫的五味汁；如此时间一长，鹅、鸭烤熟，羽毛脱尽，还吃透了调味汁，很是鲜美。

这个听来似乎有理，但不经开膛剖肚、去毛处理的鹅、鸭，这么折腾真好吃吗？

无独有偶，传说张易之的兄弟张昌宗也发明过奇怪的玩法：捆一头活驴，架起一口锅，锅里煮汤；现切驴身，用汤浇熟一块肉，切下来吃。

这两个故事对照起来看，很让人怀疑究竟是哥儿俩比较变态，还是后世编派来假托在他们身上的。

宋：
美食的乐趣

汪曾祺先生写过一篇短文谈宋朝饮食，结论大致是：唐宋人似乎不怎么讲究大吃大喝（相比起明朝），宋朝市面上的吃食似乎很便宜，宋朝人的饮食好像比较简单、清淡。可谓切中肯綮。

宋朝主食的格局依然是北方粟麦、南方稻米，而且两者还闹了点儿小矛盾。

宋朝有位学者黄震在其《咸淳七年中秋劝种麦文》里提到，江西抚州出米多，于是当地有民"厌贱麦饭，以为粗粝，既不肯吃，遂不肯种"——因为喜欢稻米，所以不爱吃麦饭，都不肯种了。

当然，各地地理环境到底不同。湖南湘、沅之间有些地势不适合种稻，所以还是种粟米；宋朝海南岛有些地方因为不易种稻米，百姓常用薯芋杂米作为主食。但毕竟时代在前进，宋朝凡食材丰足的地方，美食继续花样翻新。

当时运输业发达，商业蓬勃发展，都城开封之繁盛在《清明上河图》中可以看见，《东京梦华录》记载得也全面。譬如吃面，开封食店已有软羊面、桐皮面、插肉面等花色；南宋时临安则有鸡丝面、三鲜面、笋泼面。

虽然南宋偏安，"直把杭州作汴州"不太让人愉快，但两京面点的花色对比很有趣：开封为都城时，吃软羊面；临安为都城时，有三鲜面和笋泼面，很体现各自的地域特征。笋泼面在如今的浙江面馆里还能吃得到，大概可以看作片儿川的先声吧？

开封不只有各种面，饼也细化了。

唐朝流行胡饼，宋朝流行烧饼。大概烧饼比胡饼多了油酥。宋朝烧饼也分花样，门油、菊花、宽焦、侧厚之类，款式不同，口感各异。

当然，饼中也有甜品。油饼店卖蒸饼、糖饼，还卖环饼——

环饼就是馓子。苏轼似乎很喜欢馓子，写诗赞美过徐州的馓子："纤手搓来玉数寻，碧油轻蘸嫩黄深。夜来春睡浓于酒，压褊佳人缠臂金。"

说来就是搓面下油锅，炸出馓子来。这类食物能深入大众，反过来证明宋朝的油比之前的丰足了。

元朝的《王祯农书》说，北方磨荞麦为粉做成面，滑细如粉，叫作河漏面——有些地方写作"饸饹"。大概宋朝已经流行吃荞麦面了。

魏晋时，面里裹馅还叫作馒头，到宋朝似乎就叫包子了。

《燕翼诒谋录》提到，宋真宗得了儿子——后来的宋仁宗——很是高兴，于是"宫中出包子以赐臣下，其中皆金珠也"，等于变相给臣子们发犒赏。

这里以包子形式发放，我猜是因为宋真宗觉得"包子"和"包得儿子"类似，讨个口彩。

宋朝大臣蔡京的字写得不错，在吃上也挺讲究。据说他爱吃蟹黄馒头，家里甚至设立了包子厨，分工很细致。《鹤林玉露》里说，有人娶了个妾，其自称在蔡京的包子厨里待过，请她包个包子看，她却包不出。为啥呢？

那位女士说，她在包子厨里只负责"缕葱丝"，不能做包子。看来是蔡京门下分工细致，各司其职，反过来则可证明蔡京吃得多挑剔。

当时开封市井中还吃得到粟米粥与糖豆粥之类的粥品，还有应时当令的粥。范成大写诗："家家腊月二十五，淅米如珠和豆煮。"应时的粥，大家都吃。

糯米食品也大为发展：糖糕与蜜糕不提，粽子的花色大都变了。早先西晋时，过端午吃糯米粽子，是为角黍；宋朝的《事物纪原》里提到，粽子已有了加枣子、栗子与胡桃这些花色的：粽子有馅儿了！

当然，还得提到我们熟悉的蒸饼，只是到宋朝得改叫"炊饼"了，因为宋仁宗赵祯名字的缘故。得避讳嘛！武大郎每天挑出去卖的炊饼就是这个了。

类似的避讳还有很多。

五代十国时，南方有个吴王杨行密，占据扬州。当时扬州已经过了唐朝"二十四桥明月夜"的时代，但仍繁盛，吃得也挺好，用面粉、蜂蜜做出的蜂蜜糕在民间流行。《西溪丛语》说，扬州人为了避讳杨行密的"密"字，一时管蜂蜜叫蜂糖，于是蜂蜜糕也就叫蜂糖糕了。

这东西如今在江南依然吃得到。大早上吃个蓬松的蜂糖糕就豆浆，很好。只是我以前在上海住时，还有店家将其写成枫糖糕。一笑。

类似的名人效应食品，宋朝民间多有。后来南宋时，奸相秦桧害死岳飞，人人痛恨。传说卖油炸食品的将面团捏成秦桧与其妻王氏的模样，两条相叠，下锅油炸，炸完即成"油炸桧"。

百姓深恨秦桧，所以吃油炸桧既解馋又解恨，好得很。这就是如今的油条了。姑且不论这故事的真假，反正南宋时市井间已经懂得做发面油炸制品了——这是千真万确的。

说到秦桧，自不免要说宋高宗赵构。按《武林旧事》的说法，当年宋高宗赵构在西湖玩，见东京人宋五嫂流落临安靠卖鱼羹为生，出于对故都的旧情，吃了她一碗鱼羹，赞赏，觉得自己又体验到了逃临安、杀岳飞、靖康耻之前的清明上河图式生活，于是"赏赐无算"。宋五嫂因此声名大振，于是有了"宋嫂鱼羹"。

高宗似乎很喜欢女厨娘，他宫里有位刘娘子，被封五品尚食，曰"尚食刘娘子"。也可见宋朝时女厨师们的能耐。

后来类似"宋嫂鱼羹"这样的"名人效应+美食"牌子在宋朝颇为响亮。最有名的大概就是我们熟悉的东坡肉了。

苏轼当时遭遇乌台诗案，被贬谪去了黄州，一度很穷。为了节省开支，他每月初拿四千五百钱，分三十份挂于房梁上，每天花销不敢超过百五十钱，用时以画叉挑取一份。

当时他写出的诗也显现出他的清贫："从来破釜跃江鱼，只有清诗嘲饭颗。""小屋如渔舟，蒙蒙水云里。空庖煮寒菜，破灶烧湿苇。""送行无酒亦无钱，劝尔一杯菩萨泉。"

于是他开始研究猪肉，写了《猪肉颂》："净洗铛，少著水，柴头罨烟焰不起。待他自熟莫催他，火候足时他自美。黄州好猪肉，价贱如泥土。贵者不肯吃，贫者不解煮。早晨起来打两碗，饱得自家君莫管。"

苏轼说，在黄州猪肉价格便宜，富者不肯吃，算是平民食品。苏轼的做法也没啥花样，就是"无为而治"，慢悠悠地炖，即所谓"火候足时他自美"。而且，每天早上都能吃，"饱得自家君莫管"。挺好，自有一种随遇而安、悠然自得之美。

顺便说说其他肉类。

到宋朝，羊肉还是如唐朝时一样受欢迎。

按《清波杂志》说，宋宫廷当时"饮食不贵异味，御厨止用羊肉"。因此，宋朝跟羊肉有关的故事很多。

比如，宋仁宗有天晨起对近臣说："昨晚睡不着，饿得想吃烧羊。"宋时所谓"烧羊"就是烤羊。近臣问："何不降旨索取？"仁宗说："听说宫里每次有要求，下头就会当作份例准备。我怕吃了这一次，以后御厨每晚都要杀只羊，预备着给我吃。时间一长，杀的羊就太多啦。这就是

净洗铛，少著水，柴头罨烟焰不起。
待他自熟莫催他，火候足时他自美。

忍不了一晚饿，开了无穷杀戒。"

此事足证宋仁宗还真当得起这个"仁"字，不仅考虑人，连羊都保护起来了。

然而，宋朝皇帝跟羊搭上关系，是从太祖赵匡胤那时就有的事。当时吴越王钱俶入朝见太祖赵匡胤，太祖对钱王的态度不像对南唐李后主那般："卧榻之侧岂容他人鼾睡？"赵匡胤大概觉得钱王是条汉子，让御厨做道南方菜肴招待他。御厨遂端出来一道"旋鲊"。这旋鲊是用羊肉做成的肉醢，可以想见其对刀工、火工之要求。

按《武林旧事》，宋高宗到大将张俊府中做客，张俊请天子吃"羊舌签"。宋朝说"签"，就是羹了。羊舌羹想来一定又韧又脆，只是费材料，寻常人吃不起。张俊是南宋所谓"中兴四将"之一，但他跟清廉的岳飞性格大不相同。他收集白银铸成球，让贼人偷不走，呼为"没奈何"。他还贪图享受，在吃上格外讲究。

《旸谷漫录》则说，都城临安有位厨娘，制羊手艺高，架子也大。某知府请她烹羊，得回复："轿接取。"接个厨娘来做饭，简直像娶个新夫人，难伺候！她做五份"羊头签"，张嘴就要十个羊头来，刮了羊脸肉，就把羊头扔了；要五斤葱，只取条心（好比吃韭菜只挑韭黄），以淡酒和肉酱腌制。仆人看不过，觉得浪费，要捡她扔掉的羊头再利用，立刻被她嘲笑："真狗子也。"

如此奢侈靡费的一顿，好吃是好吃，"馨香脆美，济楚细腻"，但知府都觉得支撑不了。我想也是，请个厨娘做羊，花钱不说，还要被嘲笑，何苦呢？没两月就找个理由将人送了回去。

如唐朝一样，宋朝的羊羔还是比较珍贵的。所以宋哲宗时，高太后垂帘，见御厨进了羊乳房及羊羔肉，便下旨以后不得宰羊羔。这也算是一种节俭吧。

苏轼说黄州猪肉价格便宜，贵人不肯吃，贫者不解煮，可能是真的。当时宫里的确不太吃猪肉，但民间百姓吃，而且吃得不少。

《东京梦华录》说，开封城外，每日至晚，要进来"每群万数"的猪，供首都人民吃掉。南宋时，临安肉铺更是堂而皇之地"悬挂成边猪,不下十余边",气势很大。

所以在宋朝屠夫是个高度专业的行当,还可能成为地方一霸。《水浒传》里的郑屠就是个屠夫,自称镇关西,成为当地一霸。

鲁智深三拳打死镇关西前曾经刁难他:先要十斤瘦肉切成臊子,镇关西以为是要包馄饨;又要十斤肥肉,也切成臊子,镇关西就不知道他要做什么了;临了又要寸金软骨切成臊子,就纯是刁难了。

这里的细节很明白:当时北方也流行吃馄饨用肉馅儿,臊子在市场上也是有售的。想来现在陕西人吃岐山臊子面也颇有古风。

鲁智深和郑屠撕破了脸皮,"嗖"一声兜脸把臊子拍人脸上。老郑不乐意了,去掏刀子,终于自寻死路。

咱们却得为老郑喝句彩,因为当时他"把两包臊子劈面打将去,却似下了一阵的肉雨",可见其刀工真好。

当时除了羊肉、猪肉,别的肉也很多。反正在开封,鸡、鸭、鹅、兔等都吃得到。光是兔肉，就有炒兔和葱泼兔等花色。至于其他肉类，我们又得翻《水浒传》了。

宋时依然对耕牛保护得紧，私自宰牛是犯法的，所以一般城市居民不太吃得到牛肉。在《水浒传》中，城市里没啥牛肉，但乡下有。

比如王进母子出奔，到史进家庄上，安排的饭便是四样菜蔬、一盘牛肉，又劝了五七杯酒后才搬出饭来。史进家是陕西殷实农家，这套蔬菜、牛肉、酒，最后吃饭溜溜缝的格局，已和今时今日的差不多了。

鲁智深曾两次大闹五台山，第二次闹事是在喝酒吃狗肉后。好玩的是酒店店家的反应：先问鲁智深是否是五台山上的，若是，不敢卖酒给他吃；若不是，喝酒吃肉也无妨。说明当时民间的行脚和尚没啥清规戒律。

鲁智深当时猛闻得一阵肉香，看砂锅里煮着一只狗，喜出望外。店家捣些蒜泥给鲁智深，让他就着狗肉吃。店家还说，以为他是和尚，不吃狗肉。可见当时狗肉的确算偏民间的土法肉类。

后来鲁智深去桃花庄刘太公处借宿，也是一盘牛肉、三四样菜蔬、一壶酒，与当时王进母子的待遇相同。等鲁智深要为刘太公出头时，刘太公连忙取一只熟鹅请他吃，可见当时熟鹅也是家常买得到的。

林冲被发配去沧州时，柴进喜爱他，吩咐杀羊相待——羊肉果然级别最高，是招待上宾的。

后来舞台转到山东郓城县，吴用要哄三阮入伙，到水亭里吃饭。店小二先上了四盘菜蔬——可见当时哪怕是小店，四盘菜蔬也是定例——还说"新宰得一头黄牛，花糕也似好肥肉"。想象"花糕也似好肥肉"，五花三层，骨肉停匀，煮得烂熟，吃来一定爽快至极。

武松去景阳冈前吃"三碗不过冈"，那店太小，菜蔬不多，但牛肉、牛筋倒管够。

后来武松被发配到孟州，施恩要请武松去打蒋门神，假意讨好。武松到牢里，先被请了酒、肉、面和一碗汁：这个规格很细心了。到晚饭时，又是酒、煎肉、鱼羹和饭：午饭、晚饭还换着花样来。施恩下次来时，则带了肉汤、菜蔬和一大碗饭；再下一次是四样果子、酒、许多蒸卷，还亲手撕了一只熟鸡给武松吃。

妙在这四顿饭换了三样主食，没一顿饭的菜谱是重样的，真是用心极了。后来武松被坑，又要被发配，施恩来送，还带了只熟鹅，让武松路上带着吃：从头到尾，施恩在吃肉喝酒上真是没亏待武松半点儿。

宋江被发配至江州，到琵琶亭吃酒，戴宗与李逵作陪，规格又不同，用菜蔬、果品、鱼来下酒。

宋江要酒保给李逵切牛肉来，酒保回说只卖羊肉，没牛肉。虽然李逵生气要打人，但这里没牛肉也合理：城市里的确少牛肉。

宋江先前在郓城县已经喝过醒酒汤，到江州还要吃"加辣点红白鱼汤"。酸辣醒酒，道理是对的。偏他嘴刁，觉得腌鱼不好吃，要吃鲜鱼，这才引出了李逵与张顺的"黑白大战"。

通观《水浒传》，意思很明白：江州城里有羊肉，史进家的农庄、石碣村的酒肆、景阳冈前的酒店有牛肉，野店卖狗肉。熟鹅、熟鸡是民间吃食。粗豪如鲁智深者爱吃狗肉；武松和李逵这样彪悍的人物吃牛肉，大快朵颐；大官人柴进喜爱林冲，吩咐杀羊相待；宋江是个小吏，嘴刁一些，要吃鱼肉，还要是鲜鱼呢。

文化人似乎确实爱吃鱼一些。李白、杜甫爱吃的鱼脍，宋朝的欧阳修也爱吃，可他家的厨子做鱼似乎不算杰出，于是欧阳修买了鱼送去梅尧臣家里，请人家的厨子做来吃。

后来陆游写自己吃鱼脍："自摘金橙捣脍齑。"拿橙子捣成蘸酱，想来挺好吃。

黄庭坚有所谓"齑臼方看金作屑，脍盘已见雪成堆"，也是一种思路。

说到齑，很早就有了。《周礼·天官·醢人》郑玄注："凡醯酱所和，细切为齑。""齑"可说是捣碎的腌菜。唐朝时，韩愈有所谓"太学四年，朝齑暮盐"，形容吃得差。

宋朝时，按魏泰在《东轩笔录》中的说法，范仲淹年少时贫困，于是"惟煮粟米二升，作粥一器，经宿遂凝，以刀画为四块，早晚取二块，断齑数十茎，酢汁半盂，入少盐，暖而啖之"。

煮一锅粥，凝固后用刀划开，用菹菜、醋与盐就着吃。成语"划粥断菹"即由此而来。这是个挺励志的故事。

范仲淹写道："陶家瓮内，腌成碧绿青黄；措大口中，嚼出宫商角徵。"也是一派贫穷中吃出乐趣的风致。

《东京梦华录》里也提到了各色腌制蔬菜，辣萝卜、咸菜、梅子姜都有。连鲊都细分为藕鲊、笋鲊、冬瓜鲊。

我很怀疑日本现在的鲊店——也就是寿司店——搭配的梅汁腌姜，起源于宋朝的梅子姜。

当然，不只是腌菜，宋朝蔬菜也大有发展。现在吃的蔬菜，除了洋葱之类的外来货，别的在宋朝大致齐全了，甚至还有自家种的。

范成大写诗说："种园得果仅偿劳，不奈儿童鸟雀搔。已插棘针樊笋径，更铺渔网盖樱挑。"

他好好布置园子，果实却老被儿童、鸟雀偷抢，只好用渔网盖樱桃防鸟，在笋旁边布置棘针樊篱。

当然，读书人还是爱吃新鲜蔬菜的。这里又得说苏轼了。
在《元修菜》里，苏轼描述得精彩极了：

> 彼美君家菜，铺田绿茸茸。
> 豆荚圆且小，槐芽细而丰。
> 种之秋雨余，擢秀繁霜中。
> 欲花而未萼，一一如青虫。
> 是时青裙女，采撷何匆匆。
> 烝之复湘之，香色蔚其馥。
> 点酒下盐豉，缕橙芼姜葱。
> 那知鸡与豚，但恐放箸空。
> 春尽苗叶老，耕翻烟雨丛。
> 润随甘泽化，暖作青泥融。
> 始终不我负，力与粪壤同。
> 我老忘家舍，楚音变儿童。
> 此物独妩媚，终年系余胸。
> 君归致其子，囊盛勿函封。
> 张骞移苜蓿，适用如葵菘。

马援载薏苡，罗生等蒿蓬。
悬知东坡下，堆卤化千钟。
长使齐安民，指此说两翁。

苏轼这里说蔬菜调味，也提到了"橙"。大概点酒下盐，橙加姜、葱，调出的蔬菜味道鲜美吧。

当时蔬菜与食品工艺大发展，有了专门的素食。比如素蒸鸭，说白了就是蒸葫芦。比如假煎肉，即将麸与葫芦切薄后分别用油与肉脂煎熟，再加葱、椒油与酒炒。这种做法已经有了现代素馆子里用烤麸代替肉的样子。

苏轼还写过一首《春菜》：

蔓菁宿根已生叶，韭芽戴土拳如蕨。
烂烝香荠白鱼肥，碎点青蒿凉饼滑。
宿酒初消春睡起，细履幽畦掇芳辣。
茵陈甘菊不负渠，脍缕堆盘纤手抹。
北方苦寒今未已，雪底波棱如铁甲。
岂如吾蜀富冬蔬，霜叶露芽寒更苗。

久抛菘葛犹细事，苦笋江豚那忍说。
明年投劾径须归，莫待齿摇并发脱。

蔓菁、韭菜、荠菜、白鱼、青蒿、凉饼，看着就是口味清爽鲜美、有荤有素的一顿。

说到最后，就是思乡情：想到故乡四川，冬天不仅有蔬菜，还有苦笋、江豚呢。明年一定要回去了，别等到老了，牙掉了，头发没了才回去啊！

与张翰的莼鲈之思类似，对家乡菜的喜爱寄托了苏轼的思乡情。

陆游作《老学庵笔记》时曾提到，苏轼那会儿有一个仲殊长老真不得了："所食皆蜜也。豆腐、面筋、牛乳之类，皆渍蜜食之，客多不能下箸。"——豆腐、面筋、牛乳都用蜜渍，想着都齁甜，可是苏东坡爱吃甜的，就吃得很欢。

这里也显出宋朝僧侣已有豆腐、面筋之类素斋吃，还可成规格地吃了；蜜也丰足到可以大规模使用了。

蜜多到什么程度呢？宋朝甚至已经普及了蜜煎工艺。当年杨贵妃要吃荔枝，唐玄宗是派人快马运来的，这才有"一骑红尘妃子笑"。宋朝大书法家蔡襄则有《荔枝谱》，说腌制荔枝可以盐卤，可以白晒，可以蜜煎。

盐卤与蜜煎，味道不同，分别利用盐和糖达到脱水腌制、得以保存的效果。我估计仲殊长老和苏轼听了蜜煎荔枝一定会喜出望外、眉飞色舞。

蜜煎荔枝算当时的果子。宋朝所谓"果子"不只是水果，大概可当现在的甜品说。藕菱在宋朝也算果子。开封城里还有乌梅糖、薄荷蜜、糖豌豆等。

《射雕英雄传》里，南宋时，郭靖与黄蓉在张家口初次见面，黄蓉一口气点了一满桌菜，要十九两银子，简直跟报菜名一般，道是：四干果、四鲜果、两咸酸、四蜜饯……干果四样是荔枝、桂圆、蒸枣、银杏；鲜果拣时新的；咸酸要砌香樱桃和姜丝梅儿；蜜饯是玫瑰金橘、香药葡萄、糖霜桃条、梨肉好郎君。这格局有点儿像宋朝的：干果、咸酸和蜜饯都利于储藏，鲜果则看情况。这是对的。

这里头有些菜是旧书里所载。这又得说到那个守财奴将军张俊了。宋高宗到张俊府里吃饭时，吃正餐前先来雕花蜜煎、砌香咸酸。法国人习惯饭后吃甜点，宋朝倒是餐前吃。

《水浒传》里，史进到延安找师父，遇到了鲁智深，便和他与李忠一起去酒馆吃酒。几人找了个阁儿坐下。鲁智深显然是常客，酒保都认得，也不要账，都是"一发算钱还你"。店小二先打了酒，铺下菜蔬、果品和案酒。

这里有个小小的八卦。

大词人周邦彦写过一首著名的《少年游》，据说描写的是他在床下偷听李师师与宋徽宗相会的情形，道是："并刀如水，吴盐胜雪，纤手破新橙。锦幄初温，兽烟不断，相对坐调笙。低声问向谁行宿？城上已三更。马滑霜浓，不如休去，直是少人行。"

这里用吴盐搭配橙子，也是一种别致的吃法，与盐腌荔枝有异曲同工之妙。

如果你记得上古《礼记·内则》里说吃桃干、梅干时该配以"大盐"，就知道这吃法真是蔼然有古风。

沈括在《梦溪笔谈》里提到北人爱甜，南人爱咸，还提到了调味品。他说北方人爱用麻油煎东西吃，什么东西都用麻油煎。这个口味姑且不论，至少说明当时麻油很普及了。

不只是油，《梦粱录》中已经有了"柴米油盐酱醋茶"的说法。这是如今我们说的开门七件事，在宋朝已经普及了。那时基本的调味与烹饪方法已经与今时差不多。

一个挺关键的细节是，在宋朝，炒菜已普及开来。如果你再注意一下，会发现米已经代替黍麦成为重要的主食。

先前魏晋南北朝时，大量的稻米已让酿酒业得以大发展。到宋朝，糯米成了酿酒的主力。

话说，宋朝的酒似乎以瓶装为主。量大到什么程度呢?《宋会要》里有一处说，杭州酒务每年卖酒一百万瓶，官价每瓶六十八文。苏轼在黄州最穷时，规定自己每天花钱不超过一百五十文。宋朝的酒价似乎还不算过分。

又得说《水浒传》了。显然当时饮酒极流行、极平常。

鲁智深当了和尚还喝酒闹事。他馋酒，去半山腰的亭子里抢了两桶酒喝。北宋时中原大地还没有蒸馏酒，鲁智深喝的应该还是酿造酒，酒味香甜，度数低。

林冲风雪天在山神庙委曲求全，低声下气，心是冷的，喝的酒也是冷的。后来看陆谦放火烧了草料场，林冲心一横杀了陆谦，走上了不归路，于是撒泼去柴进庄客处抢来热酒喝。

一葫芦委屈冷酒，一大瓮撒泼热酒，这对照写得好，还可见当时看庄子的普通庄客也用热酒驱寒取暖，酒已经深入百姓生活各处。

当然，酒也有所不同。武松在景阳冈喝"三碗不过冈"时，店家自吹这酒虽是村酒，却是老酒的滋味，入口时好吃，出门便倒。可见当时普通村酒不够浓烈，老酒才能醉人，是有等级差异的，而景阳冈这酒属于地方特产，是好酒。

后来武松醉打蒋门神，沿路几十家酒店，他一处处喝过来。孟州是一个充军发配的所在，城外酒店都如此繁密，更不用提大都市了。

先前魏晋南北朝时，大量的稻米已让酿酒业得以大发展。到宋朝，糯米成了酿酒的主力。

Life Aesthetics of Chinese Diet

最生动的私酒贩出现在黄泥冈"智取生辰纲"一节。烈日炎炎似火烧，杨志和手下们渴得不行，白胜便挑两桶酒来卖，晁盖、吴用等则扮为买酒吃的贩枣商人。

这两处显然可见当时民间卖酒做饮料、行商贩卖枣子颇为常见，连杨志也不以为怪。宋朝没有高度蒸馏酒，所以白胜那两桶酒可比现在的甜酒酿醪糟。大夏天里喝一桶，真是爽快、提神，难怪杨志管不住手下人，甚至自己也忍不住喝了半瓢。

酒如此深入民间，以至于后来宋江还遇到了卖汤药的王老汉，被请喝了碗二陈汤醒酒。那时都有专门的醒酒汤了，醉酒、解酒，一整套产业链啊。

说到酒，自然也得说茶。

宋朝人还是爱喝茶的，而且与唐朝有了区别。按朱翌的说法，唐朝是随摘随炒，很可能是现采现制；宋朝是得茶芽后蒸熟焙干，然后做成散茶。

然而，宋朝上等人似乎更中意片茶：榨了茶汁，碾成粉末，压制成型。还要加其他香料，做成团茶。

187

苏轼有所谓"独携天上小团月，来试人间第二泉"。小团月就是团茶，但苏轼似乎并不觉得茶中加太多香料是好事。他读过唐人薛能的"盐损添常诫，姜宜著更夸"诗后，认为唐人饮茶口味太重，有"河朔脂麻气"，味道太凶了；又说唐人煎茶还用生姜和盐，在他的时代——北宋后期——还这么做，就要招人笑了。

在这方面，宋徽宗赵佶身为大艺术家（书法以瘦金体著名），口味偏清淡，所以在《大观茶论》里说："茶有真香，非龙麝可拟。"茶的香味可不是添加的香料可以比拟的啊。

在宋朝，民间喝茶却是另一番模样。大概开茶铺也不只是卖茶的。比如临安有卖绿豆水、卤梅水等现成饮料的。在这方面，最典型的莫过于我们熟知的《水浒传》中的王婆。

王婆为我们展示过许多种饮料。她给西门庆做的第一种饮品是梅汤：梅汤历来都是用乌梅加糖与水熬的，不知那时是什么做法，总之酸甜可口就是了。王婆这是在暗示西门庆自己可以做媒。

再来是和合汤，《西湖游览志余》载："今婚礼祀好合，盖取和谐好合之意。"这汤是用果仁、蜜饯熬制的，西门庆也说"放甜些"，可见是甜饮。这是王婆在告诉西门庆她能帮他跟潘金莲凑"和合"。

之后王婆又为西门庆点了两盏浓浓的姜茶。大早上喝姜茶驱寒也有道理。苏轼大概会觉得不好，但王婆是小县城里的人，不在乎。

后来王婆请潘金莲做衣服，点了一道很浓的茶，还加了松子、胡桃肉。这就是果仁茶了。

宋朝如宋徽宗、苏轼这种上流人大概已经喝得到好茶，品味得到茶的真香味，市井之间却还流行喝风味茶饮。王婆开的茶铺大概可算万能饮品店——有点儿像今日的奶茶店。

大概在宋朝，"茶饭"二字一定程度上已经可以指代饮食了。杨万里写"粗茶淡饭终残年"，陆游写"茆檐唤客家常饭，竹院随僧自在茶"。

北方此时也喝茶了。《大金国志》中说了个细节：金国人

東京梦华录说得明白：都城市民不用在自家种蔬菜——对比范成大那类在自家园子里种菜的，去市井买就是了。当时的开封，夜市到三更收工，五更又起，通宵营业的店家很多。大半夜叫消夜，人家也能送来。

的女婿来下聘时，亲戚要请他喝酒喝茶，请吃蜜糕，叫作"茶食"。

熟悉《水浒传》的诸位只从王婆、武大郎、郓哥这几位看开去，便可知宋朝饮食业实在已极发达，分工既细，品类又多。武大郎是卖熟食的，王婆是开茶铺的，郓哥是卖水果的，分工明确，套路也不同。

《东京梦华录》说得明白：都城市民不用在自家种蔬菜——对比范成大那类在自家园子里种菜的——去市井买就是了。当时的开封，夜市到三更收工，五更又起，通宵营业的店家也很多。大半夜叫消夜，人家也能送来。

这里得多提一句，如《水浒传》里郓哥这样卖水果的，做法别具一格。

宋朝卖水果、小点心的，许多常在酒楼、饭馆里晃荡。赶上老爷们摆宴席高兴，上前说一句"孝敬老爷"，请他高价买水果。老爷要面子，周围人一起哄，就花大钱买了。帮闲的吃了水果，老爷得了面子，小贩得了银钱，大家开心。

既然是面子上的事，所以各色果子的名字也要好听。甜桃、脆梨之类不提，"梨肉好郎君"当然不是真给你郎君，说白了就是盐腌梨肉。

说到给食物起好听的名字，宋朝的花样就多了。

《中馈录》里有个"玉灌肺"，大大有名。说白了就是将真粉、油饼、芝麻、松子、胡桃、茴香六种原料拌和成卷蒸了吃。大概颜色好看，莹润如玉吧。

《山家清供》中提过一个"黄金鸡"，说白了就是白斩鸡——用麻油、盐和水煮，加入葱、花椒调味，熟了之后切丁，大概有"白酒初熟，黄鸡正肥"之美。

又如"神仙富贵饼"：白术切片，同菖蒲煮沸后晒干，与干山药末、白面、白蜜一起做成饼，蒸来招待客人。主要是菖蒲、白术、山药听着颇像神仙所食之物吧？

这里就不只是图个好吃了，开始讲究好听、好看，讲究音韵和谐、富有意趣了。

在这方面，《山家清供》里还有很多好名字，既有前朝的青精饭、槐叶淘，又有如白石羹、梅粥、百合面之类，更有

"煿金煮玉"——名字极好听，其实就是煎笋配米饭。

如果说唐朝那胡饼、烤羊、槐叶冷淘、乳酪、红米稻饭式的吃法是带有国际风味的兼容并包之风，但一如其茶风，多少也会被苏轼形容为"河朔脂麻气"。宋朝的饮食之法则更趋精雅、清鲜，也更有民间风味，甚至还能带出诗情画意来。

陆游写吃的，有所谓"蟹馔牢丸美，鱼煮脍残香。鸡跖宜菰白，豚肩杂韭黄"。

煮鱼脍很香，不提；菰白就是茭白，用来炒鸡脚，好；豚肩是猪腿，用来处理韭黄，想起来就觉得很美味（韭黄清鲜，猪腿肥厚，很搭）；牢丸应该就是粉包肉——大概与汤包、肉饼之类差不多。蟹馔牢丸难道是蟹粉汤包？

又有所谓"苦荬腌齑美，菖蒲渍蜜香"。

苦荬在我们那里叫苦莴苣，用来腌咸菜。菖蒲乃众所周知的，上面的"神仙富贵饼"的配料中就有，用来蜜渍。这两样一咸一甜，陆游晚上看月亮时用它们来下酒，真是饶有风情。

苏轼的
快乐

当然，说到风情，又得说回苏轼了。

前文已经多次提到苏轼所写的吃食，不难发现，他的口味偏好自然、清爽，却又随遇而安，善于自得其乐。按他自己的说法是："雪沫乳花浮午盏，蓼茸蒿笋试春盘。人间有味是清欢。"

苏轼也懂得用饮食来写时事："老翁七十自腰镰，惭愧春山笋蕨甜。岂是闻韶解忘味，迩来三月食无盐。"

七十岁老翁亲自砍春笋来吃，不是因为跟孔子似的，听了韶乐三月不知肉味，而是因为当时民生不好，三个月没吃盐了。

苏轼遭遇乌台诗案被贬到黄州后，性格也变了，已经"平生文字为吾累，此去声名不厌低"，随遇而安了。他去黄州，除了号召大家吃猪肉，也微笑着吃黄州的笋："自笑平生为口忙，老来事业转荒唐。长江绕郭知鱼美，好竹连山觉笋香。"

他拾掇鱼的法子很是自然："以鲜鲫鱼或鲤治斫，冷水下，入盐如常法，以菘菜心芼之，仍入浑葱白数茎，不得搅。半熟，入生姜萝卜汁及酒各少许，三物相等，调匀乃下。临熟，入橘皮线，乃食之。其珍食者自知，不尽谈也。"用盐、姜、萝卜、酒、橘皮等作为调味料拾掇的鱼，很得山居清雅之味。因陋就简，自己开心就行了。

他还搞出来一个东坡羹："东坡羹，盖东坡居士所煮菜羹也。不用鱼肉五味，有自然之甘。其法以菘、若蔓菁、若芦菔、若荠，皆揉洗数过，去辛苦汁。先以生油少许涂釜，缘及一瓷碗，下菜沸汤中。入生米为糁，及少生姜，以油碗覆之。"说来也就是菜汤蒸米饭，但他觉得开心就很好。

须知，苏轼是懂得精吃的。真要挑嘴，则"尝项上之一脔，嚼霜前之两螯。烂樱珠之煎蜜，滃杏酪之蒸糕。蛤半熟而含酒，蟹微生而带糟"。他知道怎么吃才最好吃，但在黄州时他正处于"小舟从此逝，江海寄余生""回首向来萧瑟处，归去，也无风雨也无晴"的时候，因此开发出了另一种饮食美学：不尚奢侈、珍贵，而取自然、清鲜之味。

他的饮食心得写得极自在。在《东坡志林》里，他如是说："夫已饥而食，蔬食有过于八珍，而既饱之余，虽刍豢满前，惟恐其不持去也。"说得很有道理：饿了吃，蔬菜好过八珍；饱了吃，美食也咽不下去。还是随遇而安的心态。

苏轼被贬到岭南后，心态依然不错，在黄州时的自嘲与宽慰在岭南显得更明白。他那句"日啖荔枝三百颗，不辞长作岭南人"天下皆知。其实，他初次吃荔枝时心情更微妙。

在《四月十一日初食荔枝》中，他这样写道：

> 南村诸杨北村卢，白华青叶冬不枯。
> 垂黄缀紫烟雨里，特与荔枝为先驱。
> 海山仙人绛罗襦，红纱中单白玉肤。

日啖荔枝三百颗，不辞长作岭南人。

Life Aesthetics of Chinese Diet

不须更待妃子笑，风骨自是倾城姝。

不知天公有意无，遣此尤物生海隅。

云山得伴松桧老，霜雪自困楂梨粗。

先生洗盏酌桂醑，冰盘荐此颗虬珠。

似闻江鳐斫玉柱，更洗河豚烹腹腴。

我生涉世本为口，一官久已轻莼鲈。

人间何者非梦幻，南来万里真良图。

将荔枝夸得花里胡哨的，将红皮白肉说成红纱玉肤，将其味道比作江珧柱、河豚肉，是形容其精致、鲜美。结尾更说："我生来就是为了一口吃的，当官久了，早已经没了思乡之情。大概我也不想家了，不想回去了，反正人生如梦似幻，来到万里之遥的南方真好！"

只看这段，真想不到他其实是被贬谪此处、再难回乡的人。

他也念叨吃生蚝："肉与浆入水，与酒并煮，食之甚美，未始有也。又取其大者炙熟，正尔啖嚼……"酒煮生蚝、烤生蚝，他都吃了，妙。

临了，他还叮嘱儿子："无令中朝士大夫知，恐争谋南徙，以分此味。"这却是个冷笑话了。朝中大夫们真会放弃功名利禄，自请贬谪，跑来争一口生蚝吗？

先前苏轼曾得意扬扬地跟苏辙分享自己的心得："惠州市井寥落，然犹日杀一羊，不敢与仕者争。买时，嘱屠者买其脊骨耳。骨间亦有微肉，熟煮热漉出（自注：不乘热出，则抱水不干）。渍酒中，点薄盐炙微燋食之。终日抉剔，得铢两于肯綮之间，意甚喜之。如食蟹螯，率数日辄一食，甚觉有补。子由三年食堂庖，所食刍豢，没齿而不得骨，岂复知此味乎？戏书此纸遗之，虽戏语，实可施用也。然此说行，则众狗不悦矣。"

大意是：惠州太穷了，市场每天供应一只羊，我没法儿跟人争好羊肉，于是叮嘱屠夫给我留点儿羊脊骨。羊脊之间有点儿肉，用水煮熟，用酒渍，加薄盐烤一烤，这么小心翼翼地吃，就跟吃蟹钳肉似的。子由，你就不一定尝得到这味儿吧？只不过我吃得这么高兴，惠州的狗就不快活了。

真那么好吃吗？

陆游在《老学庵笔记》中有另一种说法。

"道旁有鬻汤饼者，共买食之。粗恶不可食。黄门置箸而叹，东坡已尽之矣。徐谓黄门曰：'九三郎，尔尚欲咀嚼耶？'大笑而起。秦少游闻之，曰：'此先生"饮酒但饮湿"而已。'"

当时苏轼在南迁途中与苏辙最后一次见面。路边卖的面条不好吃，苏辙吃不下，叹气；苏轼却已吃完，慢悠悠地对苏辙说："你还要细嚼慢咽品味吗？"说完大笑着站了起来。秦观听说了这典故，说这就是苏轼之前写"饮酒但饮湿"的用意了。

苏轼之前在黄州写过："酸酒如齑汤，甜酒如蜜汁。三年黄州城，饮酒但饮湿。我如更拣择，一醉岂易得。"那意思是：酸酒、甜酒，各有各的味道；我在黄州城三年，喝酒早就不挑味道了。如果再挑三拣四，怎么求一醉呢？

后来苏轼到了海南，最辛苦时北边的船都不来，米都没有了。然而，苏轼还是能穷开心："北船不到米如珠，醉饱萧条半月无。明日东家知祀灶，只鸡斗酒定膰吾。"半个月没吃饱喝醉了，但寻思明天人家祭灶，他还能吃顿鸡喝点儿酒，仍觉美滋滋的。

与苏轼并称的辛弃疾，有一句风味类似的词："拄杖东家分社肉，白酒床头初熟。"

在我看来，某种程度上，苏轼作为宋朝最有名的文人，以及东坡肉、东坡豆腐等诸多名菜的命名者，这份"吃什么都挺好"的放达、快乐，差不多可以代表宋朝饮食的最高美学：可以吃得风雅，也可以吃得质朴；乐意尝试新鲜事物，对美食有一种新奇的兴趣：蜜豆腐也吃，炖猪肉也吃，荔枝也吃，生蚝也吃，羊蝎子也吃。

毕竟对他而言，不同的酒有不同酒的味道，毕竟羊脊骨都能吃出蟹钳肉味儿，毕竟荔枝都能吃出江珧柱和河豚肉味儿，毕竟猪肉只要慢慢煮就能吃美了。

和段成式的"无物不堪食，唯在火候"类似，是一派海纳百川的潇洒。苏轼就自由自在地歇息、饮食、散步、写作，清俭、明快地快乐着，多好！

回不去故乡又如何？毕竟万水都是一源，毕竟也无风雨也无晴，毕竟清风、明月是造物者无尽藏，毕竟到处都可以歇宿，毕竟明月、松柏只需要闲人来赏玩。

大概真正的至上境界不是吃得多好，而是什么都好吃。用苏轼自己的话说就是："吾上可陪玉皇大帝，下可以陪卑田院乞儿，眼前见天下无一不好人。"

这就超脱了饮食追求珍奇、精细的路线，走上了另一条路：追求自然，随遇而安，对美食充满新奇感，粗茶淡饭也能甘之如饴。

比起明清时张岱、李渔、高濂、袁枚那些大才子的吃东西重养生、不吃蒜、这须知那必读，唐宋之间的饮食还没那么讲究、细化。

大概也因为唐宋之间的饮食技艺还没后世那么发达，所以苏轼所代表的饮食美学还带着一种质朴的喜悦、一种自然的趣味。

民以食为天。

近半个世纪以来，我国工农业蓬勃发展，日常饮食的品类变得空前多样，大概许多普通人已快要忘记"民以食为天"这句话的意味了。

物质丰足之后，人们忙着消费电影、游戏、书籍等精神食粮，而物质食粮又来得如此容易，比如用手机叫来的外卖、超市里的盒装半成品，花点儿钱就能买到，以至于我们不一定能切身体会到，在人类历史的绝大部分时间里，搜集食材、料理食材、享用与欣赏食物，是生活的主要驱动力。

许多民族为了口吃的，不惜长途迁移，改头换面。农耕与游牧这两种取食方式的不同，衍生了不同的文明；葡萄牙人大搞航海，最初是为了香料；哥伦布发现新大陆，现在看当然是改变了世界史，但那时航海家带回欧洲的是烟草、番茄和玉米。

在中国，公元前汉文帝已经说农为天下之本。务农是为了什么呢？为了口吃的呀。

在漫长的历史上，食物是人类生活的核心。人类历史因为食物而悄然变化着。

中国人上古时代竭力从自然中寻找食材，于是形成了对珍味和野菜的崇奉；后来慢慢开拓视野，吃到五湖四海中的吃食；又用腌渍工艺来辅助保存和制作美味的食物；之后重视时令，回归自然，寻求清鲜，饮食技艺更是发展到能利用食物来炫耀趣味与品位，甚至到自然而然在饮食中体现风雅与品位。

终于，饮食与其他行为一样，成为一种审美活动。

这大概就是中国饮食美学一路的发展旅程吧。没有一样美食是凭空而来的，那是一点儿一点儿地进化到如今的。

只是回首看去，看多了各色高雅的趣味、讲究的规矩之后，不免会觉得，虽然袁枚等人在风雅、高洁之余开始精挑细选的精致饮食趣味可以代表我国古代饮食美学的高峰，但从上古开始到唐宋之际的那份从简单到复杂，慢慢生发、探寻味道，吃什么都新鲜、什么都试图尝试的快乐，甚至苏轼的"我如更拣择，一醉岂易得"的不挑不拣、随遇而安态度，也是一种饮食美学。那里有许多我们至今依然在采用的民间吃法，更有一种随遇而安的乐趣：它不够高，但博大、宽宏，是饮食文化中的一片大海。

精致风雅的饮食美学让人高山仰止，但随遇而安、发现新奇的饮食美学更让我这个普通的馋人觉得自在。

毕竟到最后，美食也可以只是美食；欣赏美食的喜悦可以是高雅、细密、繁复的，也可以是单纯与质朴的——就像今时今日绝大多数时候我们享受的日常一饮一啄一样。